陈志田◎主编

舌尖上的中国

倾世名城倾世菜

中国华侨出版社
北 京

图书在版编目 (CIP) 数据

舌尖上的中国 . 4, 倾世名城倾世菜 / 陈志田主编
. -- 北京：中国华侨出版社，2020.8
ISBN 978-7-5113-8265-8

Ⅰ . ①舌… Ⅱ . ①陈… Ⅲ . ①菜谱—中国 Ⅳ .
① TS972.182

中国版本图书馆 CIP 数据核字 (2020) 第 134318 号

舌尖上的中国 . 4, 倾世名城倾世菜

主　　编：陈志田
责任编辑：刘雪涛
封面设计：冬　凡
文字编辑：宋　媛
美术编辑：吴秀侠
经　　销：新华书店
开　　本：880mm×1230mm　1/32　印张：25　字数：570 千字
印　　刷：德富泰（唐山）印务有限公司
版　　次：2020 年 8 月第 1 版　2021 年 1 月第 2 次印刷
书　　号：ISBN 978-7-5113-8265-8
定　　价：168.00 元（全 5 册）

中国华侨出版社　北京市朝阳区西坝河东里 77 号楼底商 5 号　邮编：100028
法律顾问：陈鹰律师事务所
发行部：（010）88893001　　　传　真：（010）62707370
网　　址：www.oveaschin.com　　E - m a i l：oveaschin@sina.com

如果发现印装质量问题，影响阅读，请与印刷厂联系调换。

前言
preface

　　中华饮食文化源远流长，烹饪历史悠久，制作工艺精湛，菜系流派纷呈。一直以来，中国都以"美食大国"享誉世界，不仅各种美味佳肴遍布中国各地，中国菜品更是风行海外。在时间的积淀中，中华美食在选料、口味、制法和风格上形成了不同的区域差异和风格特色。正如林语堂先生所说："吃在中国无所不在，无往不通。"中国人的吃，不仅是满足胃，而且要满足嘴，甚至还要使视觉、嗅觉皆获得满足。

　　丰富的美食让中国人大饱口福，但人们对饮食的追求远不止于此。中国人懂吃、爱吃、会吃，也会做。千百年来，他们心甘情愿地把大量的精力倾注于饮食之事中，菜中味、酒中趣、茶中情，无论贫富，不分贵贱，中国人都在饮食之中各得其所，各享其乐。擅长烹饪的中国人，从不曾把自己束缚在一张乏味的食单上，他们怀着对食物的理解，将无限的想象空间赋予各种食材，演绎出无数新的、各具特质的食物。

作为一个普通食客，懂吃固然重要，会做更为关键。如果能够掌握中华美食的制作方法，即便是在家里，也能够尝遍南北大菜、风味小吃。为此，我们精心编写了这套《舌尖上的中国》，为广大美食爱好者提供周到细致的下厨房一站式炮制指南，帮助其在较短的时间内掌握中华经典美食的制作方法，迅速成为烹饪高手。书中精选具有中华特色和代表性的菜肴与风味小吃，分为《煎·炒·烹·炸·炖，美食中的"中国功夫"》《形色、转换的艺术》《火锅和烧烤，舌尖上的味道舞蹈》《倾世名城倾世菜》《主食，花样百变的中国饮食艺术》五册，既有传统大菜，又有美味时蔬；既有饕餮大餐，也有故乡小吃；既有养生靓汤，还有食疗粥煲，几乎囊括中国各地具有代表性的特色美食，将人们关于山珍海味、各式主食、豆制品、腌货腊味和五味调和的美好记忆与制作方法一一道来，让你足不出户也能品尽舌尖上的中国。此外，书中对各类菜品所使用的材料、调料、做法进行了详细介绍，烹饪步骤详略得当，图片精美清晰，读者可以一目了然地了解食物的制作要点，易于操作。即便你没有任何做饭经验，也能做得有模有样、有滋有味。

　　小舌尖，大中国，尝酸甜苦辣咸，品中国色香味。不用绞尽脑汁，不必去餐厅，自己动手，就能炮制出穿越时空的中华传世美味，热爱美食的你还等什么呢？只要掌握了书中介绍的烹调基础和诀窍，以及分步详解的实例，就能轻松烹调出一道道看似平凡，却大有味道的美味佳肴，让你在家里就能尝尽中华美味。一碗汤喝尽一个时代的味道，一道菜品出半生浮沉的记忆。无论你身在何方，都希望你沿着这份美食攻略，找到熟悉的温暖与感动。

目 录

contents

第一章

川菜：中华美食中的麻辣诱惑

第二章

湘菜：辣味和腊味，念念不忘的"湘味"

第三章
倾世名城倾世菜

第一章 ●

川菜：中华美食中的麻辣诱惑

川菜的百变味型

辣椒油味

辣椒油味型是以特制的辣椒油与酱油、白糖、味精调制而成，在四川某些地区，调制辣椒油味时还加醋、蒜泥或香油。辣椒油味型多用于制作凉菜。调制辣椒油味的要领是：其辣味应比麻辣味的辣味轻，回味则要略重于家常味的回甜。

辣椒油味有两种调制方法：一是将辣椒粉装入碗内，将油放入锅熬炼至熟，然后将锅端离火口，待油温稍低时倒入辣椒粉碗内搅匀，使辣椒粉酥香、油呈红色即成；二是将牛角辣椒去蒂，在锅内加入少许植物油，将辣椒倒入锅中用小火焙焦，取出捣细。起油锅，将油烧沸，然后等沸油稍冷，再放入辣椒粉和紫草炒香即可。

姜汁味

姜汁味型是以川盐、白酱油、老姜、醋、味精、香油为原料调制而成，咸酸而姜味浓，成菜食用时有鲜美清爽之感，尤能引诱食欲。

姜汁味的调制方法是老姜洗净去皮切成极细末，与盐、醋、白酱油、味精、香油调匀即成。调制中要在咸味的基础上，重用姜、醋，突出姜、醋的味道。用味精提高姜、醋的浓味，缓和烈味，点缀以香油之香，这样才使姜、醋浓郁宜人，香味突出，酸而不苦，澹而不薄。但应注意味精用量不能过大；盐定咸味，白酱油辅助定味并提鲜。

蒜泥味

蒜泥味型是以川盐、蒜泥、白酱油、红酱油、白糖、辣椒油、味精、香油等原料调制而成。该味型蒜味浓，咸鲜香辣中微带甜，最宜做下饭的菜肴调味。

蒜泥味型的调制方法是：将盐、白酱油、白糖、红酱油溶化和匀，加入味精，蒜泥、辣椒油、香油调匀即成。调制中应在咸鲜微甜的基础上，重用蒜泥，并以辣椒油突出大蒜味，再使味精调和诸味，香油增加香味。

椒麻味

椒麻味型是以川盐、白酱油、葱、花椒、白糖、味精、香油等原料调制而成。咸鲜清香，风味幽雅，其性不烈，与其他复合味都比较适宜，用于凉拌菜肴，四季皆可，佐酒尤佳。

椒麻味型的调制方法是：先将葱、花椒加盐适量铡为极细末，与白酱油、白糖、味精、香油充分调匀即成。在调制过程中，盐定咸味；白酱油辅助盐定味提鲜；白糖和味提鲜；味精提鲜。在此基础上重用葱和花椒，以突出椒麻味；用香油辅助，使椒麻的清香更加反复有味，但香油用量以不压椒麻香味为限。

怪味

怪味，俗称"异味"，因咸、甜、麻、辣、酸、香、鲜各味兼有而得名，最适合用于佐酒菜肴的调味，四季皆宜。主要以川盐、红酱油、白酱油、味精、芝麻酱、白糖、醋、香油、辣椒油、花椒粉和熟芝麻为原料配制而成。

怪味的调制方法是：先将盐、白糖在红、白酱油内溶化后，再与味精、香油、花椒粉、芝麻酱、辣椒油、熟芝麻充分调匀即成。在调制过程中，以上各调味品组成的咸、甜、麻、辣、酸、香、鲜等各种香味，都应在相应的菜肴中，使食者有所感觉。

芥末味

芥末味主要由川盐、白酱油、芥末糊、香油、味精、醋等原料调制而成，味较清淡，咸、酸、香、冲兼有，爽口解腻，颇有风味，主要适用于凉菜制作，荤素皆宜，深受人们喜爱，宜用作春夏二季下酒菜肴的佐味。

芥末味的调制方法是：先将盐、白酱油、醋、味精和匀，再加芥末糊调匀，淋入香油即可。在调制中，芥末粉的选择对于味型的质量是十分重要的，从色泽上说应选用黄色为宜，没有腐味最佳，味中咸为本。此外，芥末味型中还要食出适量酸味，这要靠醋来调制，它可以给人以爽口不腻之感，香油是芥末味型中的主要油脂，使菜肴不但细嫩爽口，而且富有诱人之香气，使菜品整体上更加富于"醇香之气"。

麻酱味

麻酱味型是川菜中常见的菜肴味型，主要由川盐、芝麻酱、白酱油、白糖、味精、香油等原料调制而成，一般用于凉菜制作。麻酱味香鲜爽口，香味自然，食用时有直接感，自身败味是其不足，应配以本味鲜美的原料，成菜后为佐酒佳肴，四季皆宜。

麻酱味型的调制方法是：将白酱油、芝麻酱、盐、白糖、香油调匀即成。麻酱味型在调制时要注意芝麻酱的稀稠度，味汁不要过于黏稠，应以"稀粥状"为佳。在麻酱味型的调制中还有一个味别排列顺序的问题，要以"麻酱"之香为主，以咸味为本，以香味为其辅味，三种味道合为一体，才能构成比较完美的麻酱味型。

麻辣味

麻辣味型是最典型的川味，它是以麻辣之调味为主体口味，和其他调料有机结合而产生的一种口感浓厚、余味无穷的菜肴味型。麻辣味厚、鲜而香是麻辣味型的突出特点，广泛应用于冷、热菜式。

麻辣味型的调制方法是：锅置火上，入油烧至八成热，放入辣椒、花椒爆香，调入川盐、味精、料酒，调匀即成。此味型中花椒和辣椒的运用则因菜而异，调制时必须做到辣而不涩、辣而不燥、辣中有鲜味。因不同菜式风味需要，这个味型还可以加白糖、糟汁、豆豉、五香粉、香油。麻辣味型虽然重用麻辣调味料，但并不是要辣得令人没法食用，而是要掌握"辣而不死，辣而不燥"的原则，还要使人感到有鲜味。

椒盐味

椒盐味是川菜的常用味型之一，主要以花椒、川盐调配而成，咸而香辣，四季皆宜。椒盐味在组合上虽然比较单纯，但是风格独具，常用来佐以有咸鲜味基础和本味鲜美的菜肴。

椒盐味的调制方法是：先将川盐炕干炒熟舂至极细粉末，花椒炕熟舂至极细粉末，然后将花椒粉与盐按照1：4的比例配制，现制现用，不宜久放。

糖醋味

糖醋味是川菜中较为普遍的菜肴口味，是一种以调料之名命名的味型，以糖、醋为主要原料，以甜味和酸味为其整体味型的口味。糖醋味醇厚而清淡，和味、改味、除腻作用很强。

糖醋味的调制方法是：先将盐、白糖在白酱油、醋中充分溶化后，加入香油调匀即成。以糖醋味型为主体口味制成的菜肴，在川菜中还是占有一席之地的，适用范围也很广泛，所制菜肴既可以登大雅之堂，跻身名菜名肴之列，又可以制作名点便餐，如糖醋里脊、糖醋肉片、糖醋五柳鸡、糖醋扇贝等，荤食素食均可。

酸辣味

酸辣味是川菜中较为常见的，又比较有特点的菜肴味型。它以醋和胡椒粉为主要调味品，并以食用酸味和辣味为主体口味，在川菜中运用十分普遍。酸辣味的特点是口感润滑、醇酸微辣、咸鲜味浓、爽口不腻。

酸辣味以川盐、醋、胡椒粉、味精、料酒调制而成。调制酸辣味必须掌握以咸味为基础，酸味为主体，辣味助风味的原则。在制作冷菜的酸辣味过程中，应注意不放胡椒，而用辣椒油或豆瓣。

陈皮味

陈皮味是川菜中较为特殊的一种类别，以干陈皮、干辣椒节、花椒、川盐、料酒、辣椒油、醪糟、白糖、味精、姜片、葱结、香油、鲜汤调制而成，主要用于凉菜制作。具有色泽棕红、陈皮味浓、麻辣鲜香、略带回甜的特点。

陈皮味型的调制方法是：先将陈皮切成小块，码味过油后备用；锅置火上，入油烧热，放入干辣椒节、花椒、陈皮、葱、姜、蒜炒出香味，放入主料，倒入鲜汤，再加盐、料酒、白糖、醪糟汁，小火收汁后下辣椒油、味精、香油起锅即成。

五香味

五香味型的主要原料通常有山柰、大料、丁香、小茴香、甘草、沙头、老寇、肉桂、草果、花椒，这种味型的特点是浓香鲜咸，冷、热菜式都能广泛适用。

调制方法是将上述香料加盐、料酒、老姜、葱和水制成卤水，再用卤水来卤制菜肴。

鱼香味

鱼香味菜肴具有咸、甜、酸、辣兼备，姜、葱、蒜味浓郁，色泽红亮的特点，是川菜中独有的一种特殊味型。鱼香味源于四川民间独具特色的烹鱼调味的方法，故名"鱼香味"，但是调制鱼香味时，并不真的使用鱼，因此被人们誉为"川菜一绝"。

鱼香味的具体调制方法是：锅置火上，入油烧热，下泡红辣椒炒出香味，再下姜、蒜炒香，迅速烹入白酱油、醋、白糖、味精，再放入葱炒出味，起锅装盘即可。

泡红辣椒经过调和烹制，发生色香的变化；而姜、蒜、葱在高温条件下所挥发出来的醇类、醛类等物质，在烹炒时会产生别致的味道，这种别致的香味和独特味道的和谐统一，就形成了独具特色的"鱼香味"。

荔枝味

荔枝味型是川菜中较为常见的一种菜肴味型，为典型的复合型口味，因似荔枝的鲜味得名。荔枝味清淡而鲜美，有和味、解腻、除异味的作用，且能与其他复合味配合，四季皆宜，佐以下酒下饭的菜肴均可。

荔枝味型的主体口味是"酸甜"，以酸味为主，以甜味为辅，以咸味为本，以鲜味为要，醋和白糖是构成荔枝味型的主要调料，它们调制的合理与否，在味型的构成中起着决定性的作用。

糊辣味

糊辣味的味型特点是香辣咸鲜、回味略甜，广泛用于热菜。

糊辣味的调制方法是：锅置火上，入油烧热，放入干辣椒、花椒爆香，调入盐、酱油、醋、白糖、姜、葱、蒜、味精、料酒，用大火调匀即成。辣香是这种味型的重点，这种辣香是将干辣椒节在油锅里焙，使之成为糊辣椒壳而产生的味道。干辣椒节火候不到或火候过头都会影响糊辣香味的产生，因此要特别留心。

咸鲜味

咸鲜味在热菜中运用十分广泛，其味型特点是咸鲜清爽、本味独特，控制咸味的浓淡。咸味在菜肴制作过程中所起的作用不可小觑，历来被认为是"百味之首，味中之本"。咸鲜味的调料中盐起到关键定味的作用，控制咸味的浓淡。

咸鲜味型主要是由盐、味精、麻油、胡椒、葱、姜、糖、酱油等原料调制而成。咸鲜味传统上分为盐水咸鲜、白油咸鲜、本味咸鲜，然而随着川菜味型的改革创新，又发展出了新的味型，如咸鲜海鲜味、咸鲜花香味、咸鲜蛋黄味、咸鲜药香味等。

咸甜味

咸甜味是川菜常用味型之一，是以咸味为主、甜味为辅的复合味，主要由川盐、冰糖、糖色、料酒、五香粉、花椒、味精、胡椒粉、姜、葱等原料调制而成。此味型清淡浓厚兼之，咸甜鲜香，醇厚爽口，四季皆宜，一般用于烧菜类，佐以酒饭均宜。

鲜甜味的调制方法是：先将原料入锅烧沸，放入糖色、料酒、葱、姜、花椒、五香粉、盐，用量以微带咸味为度，烧熟后放入冰糖再加一次盐，用量以咸甜适宜为佳，收浓汁，起锅前拣去姜、葱，放入胡椒粉、味精炒匀，起锅即可。

家常味

家常味型在川菜中用途广泛，其制作简便，主要是由郫县豆瓣、豆豉、川盐、混合油、白酱油、蒜苗等原料调制而成。此味型浓厚纯正、咸鲜香辣，四季皆宜。

家常味型的调制方法是：锅置火上，入油烧热，放入原料炒香，加盐，炒干水分至油亮，下郫县豆瓣炒香上色，放入豆豉、蒜苗炒香，加适量白酱油炒匀，起锅即可。

豆瓣味

豆瓣味型醇厚，虽浓香但是不压原料本味的鲜，用以成菜，味道独特。此味型是将豆瓣味醇厚、荔枝味可口的两种优点融为一体。

豆瓣味的调制方法是：先将豆瓣剁细，锅置火上，入油烧热，下豆瓣炒香后下入其他原料一起炒，然后加葱、姜、蒜、醋、料酒、白糖、白酱油，倒鲜汤，烧沸入味，至熟，将原料捞出装盘，收浓汁后，再放入醋、味精、葱花，入味后淋在原料上即可。

甜香味

甜香味是川菜的常用味型之一，在冷菜中，其口味特点主要体现为甜香清爽；在热菜中，其口味特点主要体现为甜香醇浓。

甜香味主要是用白糖、冰糖、蜂蜜、饴糖、红糖等甜味原料，配合水果、干果、蜜饯、可可粉、巧克力、鲜花、醪糟、牛奶、马奶、羊奶或者奶酪炼乳等原料，可以调制出甜香系列风味。

烟香味

烟香味型所讲的"烟"指的是一种专门用来熏制食品的燃料在燃烧时所释放出来的带有香气的"烟"。烟香味型的特点是咸鲜纯浓、香味独特。

烟香味主要是以稻草、柏枝、花生壳、糠壳、锯木屑等熏制材料，利用其不完全燃烧时产生的浓烟，使腌渍入味的鸡、鸭、鹅、兔、猪肉、牛肉等原料再吸收或者黏附一种特殊的香味。

糟香味

糟香味型是川菜中热菜和凉菜的常用味型之一，主要是以醪糟汁、川盐、味精、胡椒粉、葱、蒜、姜调制而成，特点是糟香味浓、咸味回甜。

糟香味的调制方法是：先将醪糟中加川盐、味精、胡椒粉调成滋汁，待主料加热后，加入葱、姜、蒜炒香，烹入滋汁炒匀即成。

酱香味

酱香味是以甜酱、川盐、料酒、鲜汤为主要原料调制而成的，具有味香甜鲜、酱香浓郁的特点。因不同菜肴风格的需要可以适量加酱油、白糖或胡椒粉以及葱、蒜。

酱香味型的调制方法是：锅置火上，入油烧热，放甜酱炒香，放鲜汤、盐、料酒与主料同烧至入味熟软，放入味精，将主料装盘，锅内汤汁勾芡，放香油，淋于主料上即可。

茄汁味

茄汁味型是近年来引进并发展起来的味型，主要是以番茄酱、精盐、料酒、白糖、白醋、味精、鲜汤、水豆粉、油调制而成。该味型的特点是色泽红亮、酸甜带咸、香鲜宜人，多用于煎炸类菜肴。

茄汁味的调制方法是：锅置火上，入油烧热，用小火将番茄酱炒香出色，放鲜汤、精盐、料酒、白糖，味正后加入味精、白醋，勾芡起锅即成。

川菜的特色烹调法

急火快炒

急火快炒是川菜中颇具特色的烹调方法。炒这种烹饪方法有一个显著的特点：成菜迅速。营养学家认为炒是比较科学的一种烹饪方法，因为它加热时间不长，成菜迅速，对原料中包含的营养成分破坏极小。爆炒、熘炒都属于这一类烹饪方法，成菜细嫩鲜香，突出原材料的嫩，突出过程的快。

代表菜肴：辣子鸡，鱼香肉丝。

干煸

干煸是川菜中很有特色的一种烹调方法，成菜具有干香酥软的特点，确切来说，干煸是一种将经过适当加工处理的原料放入锅内干炒至

酥至香的一种菜肴制作方法。在采用干煸法制作菜肴时，要根据原料的不同特点采取不同方法，将原料体内的水分收干，干煸的材料不论荤素，都是既不上浆也不挂糊，只有这样，在制作时才能显示干煸的特点。在干煸过程中火候的运用就十分重要，这被看作菜肴制作的核心。干煸既可以认为是一种菜肴制作方法，也可以看作是菜肴在火候运用上的特点。

代表菜肴：干煸四季豆，干煸牛肉丝。

油爆

油爆菜是川菜中最常用的烹调方法之一，属于爆炒的范畴，成菜形状美观，嫩脆滑爽，紧汁亮油。油爆是指将用刀切好的小型材料下水煮四分熟后取出，沥干水分，立刻放入八九成热的油锅中炸至七分熟即捞出，然后再将沥过油的材料放入小油锅中，将事先准备好的勾芡汁倒入，调匀，这时材料刚好成熟即完成，不但口感好，而且成菜美观。

代表菜肴：油爆腰花。

干烧、家常烧

干烧是指主料经过油炸后，另炝锅加调辅料添汤干烧，一般的烧菜最后要加水淀粉勾芡，但是干烧不同，其汤汁的收稠不是靠"勾芡"来完成，而是将其上火，慢慢将水分收干，使汤汁变稠。

代表菜肴：干烧鱼翅，干烧鲫鱼。

家常烧是指在某些菜肴中以四川郫县豆瓣为其主要调味品，并且又以豆瓣酱本身所固有的咸辣之味作为所制之菜肴的主体味型，这在川菜中通常被称为"家常"，所制作的菜肴历来被认为是川菜中的名馔佳肴。

代表菜肴：家常海参，鱼香茄条。

干蒸（旱蒸）、粉蒸

干蒸（旱蒸）是川菜里很有特色的一种烹调方法，原料在蒸的时候，不加任何汤水和配料，只要把原料腌渍入味，加些葱、姜即可，有的干蒸需要放入容器中加盖或用皮纸封口后再蒸制，调味宜淡不宜咸。从口味上讲，干蒸是以味厚重为主。

代表菜肴：干蒸鱼，干蒸山药。

粉蒸是蒸菜的烹饪方法之一，在川菜中运用也十分广泛，所制的菜肴更能体现出川菜之风范。它是指将原料加工成片状、块状或条状，用炒米粉、调味料和适量汤汁拌匀，加上一定量的熟花生拌匀后再入蒸笼蒸制。

代表菜肴：粉蒸肉，粉蒸排骨。

四川火锅

四川火锅以麻、辣、鲜、香著称，它源于民间，升华于庙堂，无论是贩夫走卒、达官显宦、文人骚客、商贾农工，还是红男绿女、黄发垂髫，其消费群体涵盖之广泛、人均消费次数之多，都是其他菜品望尘莫及的。从古到今，火锅已成为四川美食的代表。

四川火锅用料十分广泛，制作精细，鲜香味美，口味大众化，老少咸宜。四川火锅的品种很多，干锅是相对于火锅而得名的。火锅汤汁多，可以涮烫各种原料，而干锅相对汤汁较少。干锅可以根据不同的原料搭配不同的辅料，能起到口感互补的作用。四川火锅对原料的要求比较复杂，对原料的选用加工要求很高，对汤汁的调配也很讲究，对配方、火候、操作过程的要求较高，此外还涉及味碟的变化和运用。

代表火锅：鱼头火锅，毛肚火锅，红汤酸菜鱼火锅，水煮鱼火锅，毛血旺火锅。

川菜常用的调味料

1. 胡椒

胡椒辛辣中带有芳香，有特殊的辛辣刺激味和强烈的香气，有除腥解膻、解油腻、助消化、增添香味、防腐和抗氧化作用，能增进食欲，可解鱼虾蟹肉的毒素。胡椒分黑胡椒和白胡椒两种。黑胡椒辣味较重，香中带辣，散寒、健胃功能更强，更多地用于烹制内脏、海鲜类菜肴。

2. 花椒

花椒果皮含辛辣挥发油及花椒油香烃等，辣味主要来自山椒素。花椒有温中气、减少膻腥气、助暖作用，且能去毒。

花椒在咸鲜味菜肴中运用比较多，一是用于原料的先期码味、腌渍，起去腥、去异味的作用；二是在烹调中加入花椒，起到避腥、除异、和味的作用。

3. 二荆条辣椒

二荆条辣椒以成都牧马山出产的最为出名，成都以及周围各县都有种植。二荆条辣椒形状细长，每年5~10月上市，有绿色和红色两种，绿色辣椒不采摘继续生长就会变为红色。

二荆条辣椒香味浓郁、香辣回甜、色泽红艳，可以做菜，制作干辣椒、泡菜、豆瓣酱、辣椒粉、辣椒油。

4. 子弹头辣椒

子弹头辣椒是朝天椒的一种，因为形状短粗如子弹而得名，在四川很多地方都有种植。

子弹头辣椒辣味比二荆条辣椒强烈，但是香味和色泽却比不过二荆条辣椒，可以制作干辣椒、泡菜、辣椒粉、辣椒油。

5. 七星椒

七星椒是朝天椒的一种，属于簇生椒，产于四川威远、内江、自贡等地。

七星椒皮薄肉厚、辣味醇厚，比子弹头辣椒更辣，可以制作泡菜、干辣椒、辣椒粉、糍粑辣椒、辣椒油。

6. 小米辣椒

小米辣椒产于云南、贵州，辣味是所介绍的几种辣椒中最辣的，但是香味不浓，可以制作泡菜、干辣椒、辣椒粉、辣椒油等。

怪味鸡

材料
鸡肉 250 克

调料
辣椒油30克，酱油15克，醋 20 克，香油 20 克，花生酱15克，香葱30克，白糖、油酥花生粒各 10克，盐3克，味精2克，花椒粉1克，香菜 10 克

做法
1 香葱洗净，切粗丝，摆入盘中。

2 锅置火上，注入水，放入洗净的鸡肉煮至鸡肉断生。

3 捞起煮好的鸡肉，沥干水分，切条，放于盘内葱丝上面。

4 将花生酱、白糖调散，加盐、味精、花椒粉、酱油、醋、香葱、香油、辣椒油搅拌均匀调成怪味汁。

5 将怪味汁淋在鸡肉上。

6 撒上油酥花生粒、香菜末即可。

蜀香雄起

材料

鸡1只，花生米、黄瓜、胡萝卜、芝麻各30克

调料

植物油30克，盐3克，酱油5克，味精2克，香菜、姜片、花椒各20克

做法

1 鸡处理干净。

2 黄瓜洗净，切丝。

3 胡萝卜洗净，切丝。

4 将鸡放入加了姜片、花椒、盐的水锅中煮30分钟。

5 将煮好的鸡捞出，剔去骨头，切成小块。

6 将鸡肉摆盘，用黄瓜、胡萝卜做盘饰。

7 锅置火上，入油烧至六成热，下入花生米炒香，放盐、酱油、芝麻、味精炒匀。

8 将调好的味汁淋在鸡上，摆上香菜，起锅装盘即可。

棒棒鸡

材料
仔公鸡1只（约750克）

调料
盐5克，芝麻酱、芝麻各15克，花椒10克，香油5克，姜块、葱段各10克，辣椒油适量

做法
1 将芝麻酱加花椒、葱花、盐、香油和辣椒油搅匀，制成麻辣味汁备用。
2 鸡处理干净，放入有姜块、葱段、盐和花椒的沸水锅内煮20分钟后取出。
3 鸡冷却后，用小木棒轻捶鸡身各部。
4 捶松后，拉下鸡皮切丝，装盘。
5 鸡肉部分用手撕成丝，盛入盘内。
6 将麻辣味汁淋在鸡肉上，撒上芝麻即可。

红油鸡爪

材料

鸡爪 400 克

调料

植物油 30 克，盐 3 克，剁椒 20 克，蒜米、姜米、红椒米各
5 克，辣椒油 10 克，味精 2 克

做法

1 鸡爪处理干净，入沸水锅中煮至断生后捞出，剔去骨，装入
盘中。

2 锅置火上，入油烧至四成热，下蒜米、剁椒、姜米、红椒米
炒香，调入盐、味精，淋入辣椒油炒匀成味汁。

3 将味汁淋在鸡爪上即可。

爽口百叶

材料

牛百叶 200 克，青椒、
红椒各 50 克

调料

植物油 30 克，盐 3 克，
豆瓣酱 10 克，料酒 15 克，
葱 30 克

做法

1 青椒、红椒洗净，切成圈备用。

2 牛百叶处理干净，入沸水锅中煮熟后捞出，沥干水
   分，切丝备用。

3 热锅上油，入豆瓣酱爆香，加适量清水，放入盐、
   料酒、青椒、红椒煮开，放入牛百叶稍煮。

4 起锅装盘，撒上香葱即可。

小葱皮蛋拌豆腐

材料
豆腐400克，皮蛋1个，熟花生米、熟白芝麻各10克，
红椒50克

调料
盐3克，辣椒油、酱油、醋各5克，葱50克

做法
1 豆腐洗净，切成块，入沸水中汆烫后，沥干水分，
装盘。

2 皮蛋去壳，切块，置于盘中豆腐上。

3 红椒洗净，切丁；香葱洗净，切葱花。

4 碗内加盐、酱油、辣椒油、醋、红椒丁、葱花拌匀
调成味汁。

5 将味汁浇在盘中的皮蛋与豆腐上，再撒上花生米、
白芝麻即可。

凉拌肚丝

材料
猪肚 400 克

调料
盐 3 克，醋 8 克，生抽 10 克，辣椒油 5 克，葱 50 克，蒜 30 克，香菜适量

做法
1 猪肚处理干净，切丝。

2 把猪肚丝放入沸水中汆烫，捞起沥干水分，装盘备用。

3 香葱洗净，切葱花；蒜去皮，切末。

4 猪肚丝加盐、醋、生抽、蒜末拌匀，淋上辣椒油，撒上葱花、香菜即可。

跳水兔

材料

兔肉 400 克，青花椒 40
克，红椒 30 克

调料

盐 3 克，味精 1 克，酱油
15 克，醋 10 克，葱 30 克

做法

1 兔肉处理干净。

2 把兔肉放入沸水中氽烫后，斩块备用。

3 红椒洗净，切碎。

4 葱洗净，切葱花；青花椒洗净。

5 锅中注水，放入兔子，再放入葱花、青花椒、红
椒，用大火焖煮。

6 煮至熟后，捞起切成块排于盘中。

7 用盐、味精、酱油、醋调成汁。

8 将味汁浇在盘中，拌匀即可。

麻辣酥鱼

材料
鲫鱼 5 尾

调料
色拉油 500 克，盐 15 克，料酒、葱姜汁、辣椒油辣椒各 10 克，醋 5 克，香油 3 克，白糖、花椒粉各 2 克

做法
1 取 1 只碗，加入盐、白糖、花椒粉、辣椒油辣椒、香油搅拌均匀，调成麻辣味汁备用。
2 鲫鱼处理干净，在鱼身两面各剞数刀。
3 将鱼加入盐、料酒、葱姜汁、醋腌渍入味，控干水分。
4 锅置火上，入油烧至六成热，逐条下入鲫鱼，小火浸炸。
5 待鱼肉、鱼骨酥脆后，捞出装入盘中。
6 将调好的麻辣味汁浇在鱼身上，晾凉即可食用。

辣子鸡翅

材料
鸡翅 300 克，青椒、红椒各 30 克

调料
植物油 30 克，盐 3 克，胡椒粉 5 克，淀粉 200 克，辣椒油 10 克

做法
1 鸡翅处理干净，加盐、料酒腌渍。

2 青椒、红椒均去蒂洗净，剁碎。

3 将淀粉加适量清水搅拌成糊状，放入鸡翅混合均匀备用。

4 锅置火上，入油烧热，放入鸡翅炸至金黄色，捞出沥油，装盘。

5 锅下油烧热，放入青椒、红椒爆香，加胡椒粉、辣椒油做成味汁。

6 将味汁淋在炸好的鸡翅上即可。

干煸四季豆

材料

四季豆 500 克，猪瘦肉末 50 克

调料

郫县豆瓣酱 10 克，干辣椒段 20 克，酱油 10 克，盐
3 克，味精 3 克，白糖 2 克，香油 2 克，葱末、姜末、
蒜末各 5 克，色拉油 500 克

做法

1 四季豆择洗干净，切成 4 厘米长的段。

2 将四季豆放入加了盐的沸水中氽烫后捞出，过凉
水，沥干水分。

3 锅置火上，入油烧热，下入四季豆炸熟后倒出。

4 锅内留底油，下肉末炒散。

5 下入豆瓣酱、干辣椒段、葱末、姜末、蒜末炒香。

6 最后将炸好的四季豆倒入锅中，调入酱油、盐、白
糖、味精炒匀，淋香油，起锅装盘即可。

麻辣猪肝

材料
猪肝 200 克，洋葱 100 克，姜、辣椒、葱各 50 克，花椒 5 克

调料
植物油 30 克，盐、味精各 3 克，酱油、香油各 10 克

做法
1 猪肝清理干净，切块，加盐、味精、酱油腌渍 15 分钟。

2 葱洗干净，切段；姜、辣椒、洋葱洗净，切片。

3 锅置火上，入油烧热，下入辣椒、姜片炒香。

4 放入猪肝炒熟，加洋葱略炒。

5 加盐、味精、酱油、香油、香葱，翻炒均匀，起锅装盘即可。

麻婆豆腐

材料

肉 200 克，豆腐 400 克，
青蒜苗 100 克

调料

植物油 30 克，酱油、豆
豉各 10 克，盐、味精、
辣椒粉、花椒粉各 5 克，
水淀粉 15 克，肉汤 300
毫升

做法

1 肉处理干净，切成末；蒜苗切丁备用。

2 豆腐切成小方块，入沸盐水中氽烫后捞出，沥干水分。

3 锅置火上，入油，小火烧热，加入肉末炒至黄色。

4 下盐、豆豉炒匀，再放辣椒面炒出辣味。

5 锅中续加热水，放入豆腐炖 3~4 分钟，加酱油、味
精调味。

6 下淀粉勾芡，翻炒几下，盛入碗中，撒上花椒粉、
蒜苗丁即成。

回锅肉

材料

连皮猪后腿肉 300 克，
蒜苗 100 克

调料

植物油 30 克，老姜、郫
县豆瓣、永川豆豉各 10
克，酱油、白糖各 5 克，盐、
味精各 3 克，甜酱 15 克

做法

1 猪肉处理干净，放入冷水锅中，加入洗净拍松的老姜，
置火上煮开，待肉熟至八九分熟时捞出，肉汤留用。

2 煮好的猪肉切成片。

3 郫县豆瓣剁细，蒜苗洗净切成段。

4 锅置火上，入油烧热，下肉片炒至吐油呈"灯盏窝"。

5 锅内加盐、甜酱、豆瓣翻炒至上色，再加豆豉、酱
油、白糖继续翻炒。

6 最后放入蒜苗炒至断生，调入味精炒匀，起锅即成。

魔芋烧鸭

材料
鸭肉 200 克，魔芋 100 克

调料
植物油 30 克，盐 3 克，
辣椒酱、料酒、泡红椒各
10 克，香菜、姜末各 5 克

做法
1 鸭肉处理干净，切块。

2 将鸭块放入沸水锅中，加入料酒，焯水后捞出。

3 香菜洗净，切段。

4 魔芋洗净，切块，焯水后捞出。

5 锅置火上，入油烧热，入姜末、辣椒酱炒香。

6 下鸭块翻炒，放入魔芋块、泡红椒，调入盐。

7 注入高汤烧开，续煮 30 分钟。

8 起锅装盘，撒上香菜即可。

啤酒鸭

材料

鸭子1只，啤酒1瓶，红椒、蒜苗各50克

调料

植物油30克，盐3克，味精2克，酱油12克，醋8克

做法

1 鸭子处理干净，切块备用。

2 红辣椒洗净，切碎；蒜苗洗净，切成小段。

3 锅置火上，入油烧热，放入鸭块翻炒至变色。

4 放入红椒、蒜苗，再倒入啤酒一起炒。

5 注入适量清水焖煮40分钟。

6 煮至熟后，收汁，待汤汁收干时，加入盐、味精、酱油、醋调味，起锅装盘即可。

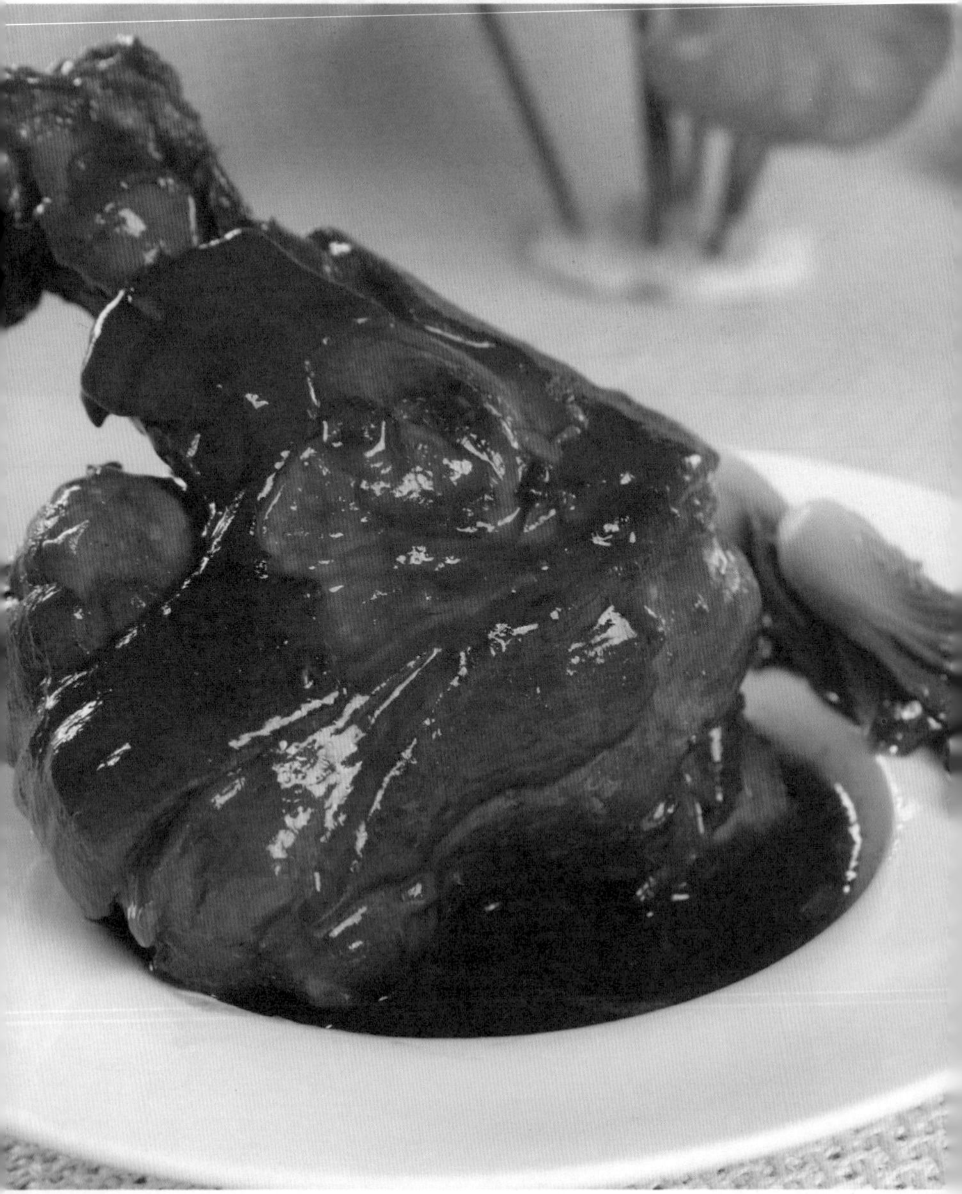

东坡肘子

材料

猪肘子1个

调料

姜片、葱段各50克,酱油、
胡椒粉、盐、味精各3克,
料酒10克,高汤300毫
升,色拉油30克,糖色
10克

做法

1 肘子去毛洗净,入沸水锅中煮至六成熟,取出。

2 在肘子皮上抹糖色。

3 锅置火上,注入油,下入姜、蒜炒香。

4 倒入高汤以及盐、味精、料酒、胡椒粉、酱油,再
　放入肘子。

5 将肘子与汤同烧沸,改中火煨至肘子酥烂,拣去
　葱、姜。

6 起锅,将肘子装入圆盘中,原汁收浓,淋在肘子上
　即成。

毛血旺

材料

鸭血500克,鳝鱼100克,火腿肠片150克,黄豆芽150克,熟肥肠100克,毛肚200克

调料

葱花、蒜片、姜片、干红辣椒各50克,郫县豆瓣酱15克,糖、盐10克,花椒、鸡精、白醋各5克,料酒20克,植物油500克,骨头汤300毫升

做法

1 将鸭血、鳝鱼、黄豆芽、熟肥肠和毛肚洗净,鸭血、熟肥肠切片,鳝鱼切段,毛肚切丝。

2 将处理干净的鸭血、鳝鱼、黄豆芽、毛肚焯水,除去血沫和杂质。

3 锅置火上,入油烧热,放入干辣椒、郫县豆瓣酱、姜片、蒜片煸炒至出香味。

4 待油呈红色时捞出渣滓。

5 锅内倒入骨头汤,煮沸制成红汤备用。

6 焯水的原料连同火腿肠、熟肥肠一起放入制好的红汤内。

7 加入盐、鸡精、白糖、料酒、醋调味,大火将红汤烧开。

8 待原料熟透后装入容器中,撒上葱花。

9 另起锅置火上,入油烧热,放入花椒、辣椒,炝出香味。

10 最后将油迅速浇在碗中即可。

水煮鱼

材料

草鱼1尾（约900克），
豆芽150克

调料

料酒15克，盐、味精各
3克，辣椒油25克，干
辣椒50克，芝麻、辣椒粉、
五香粉、胡椒粉各10克，
淀粉200克，辣椒油20
克，植物油30克，草果、
砂仁各15克

做法

1 草鱼处理干净，取鱼肉片成薄片，鱼头和骨头剁
   成块。
2 将草鱼肉加辣椒面、五香粉、胡椒粉、盐、味精、
   料酒腌渍入味，加淀粉拌匀。
3 黄豆芽炒熟，放入食器中铺底。
4 鱼头和骨拍碎，入热油中炸透。
5 将鱼头和鱼骨放在熟豆芽上面。
6 将鱼片入热油中滑熟，倒在鱼头和骨上。
7 辣椒油烧热，放入干辣椒、芝麻、草果、砂仁，
   炸香。
8 把热油倒在鱼片上即可。

巴蜀鲇鱼

材料
鲇鱼 500 克

调料
植物油 30 克，盐 3 克，酒 10 克，辣椒酱、辣椒油、酱油
各 5 克，香油 3 克，蒜苗、酸辣椒、红椒、葱、姜各 50 克，
高汤 300 毫升

做法
1 所有原料处理干净，鲇鱼切块；葱、蒜苗切成段；姜、
   红椒、酸辣椒切片。
2 锅置火上，入油烧热，入姜片、红椒、酸辣椒炒香。
3 下入鲇鱼块稍炸后，注入高汤烧开。
4 加入盐、酱油、料酒、蒜苗，煮至鱼块入味。
5 再放入辣椒酱、辣椒油、香油拌匀，撒上葱段，起锅装
   盘即可。

宫保鸡丁

材料

鸡脯肉 350 克，炸花生米 150 克

调料

植物油 30 克，干辣椒、葱段各 50 克，水淀粉 15 克，醋、鸡精、盐、料酒各 5 克，鸡汤 500 毫升

做法

1 鸡脯肉洗净，切成 2 厘米见方的丁。

2 鸡丁加盐、料酒腌制入味，用水淀粉上浆。

3 锅置火上，入油烧热，下鸡丁滑熟，捞出沥油。

4 净锅置火上，入油烧热，下干辣椒、葱段、姜爆香。

5 倒入鸡汤，加盐、味精、白糖、酱油、料酒调味，下鸡丁炒匀。

6 加淀粉勾芡，加花生米稍炒后，起锅装盘即可。

孜然羊肉薄饼

材料

薄饼150克，羊肉250克，
洋葱30克

调料

植物油30克，盐3克，
熟白芝麻5克，孜然粉5
克，红椒、青椒各30克

做法

1 羊肉、洋葱、红椒、青椒均洗净，切成丁备用。

2 锅置火上，入油烧热，放入孜然粉爆香。

3 倒入羊肉、洋葱、红椒、青椒，翻炒均匀。

4 加盐调味。

5 撒上白芝麻，炒匀。

6 把孜然羊肉盛出，趁热逐个包进薄饼内食用即可。

花生耳片

材料
猪耳朵 250 克，花生 50 克

调料
酱油、香油、花椒粉、辣椒油、盐各 3 克，姜末、蒜末各 50 克

做法
1 猪耳朵处理干净。

2 花生仁捣碎，备用。

3 猪耳朵入沸水中焯熟后，捞出沥干水分，晾凉。

4 猪耳朵切片摆盘。

5 将姜末、蒜末、花生、辣油、花椒粉、盐、酱油、香油入碗拌匀成佐料汁。

6 将拌匀的佐料淋汁在盘中的耳片上即可。

麻辣腱子肉

材料

牛腱子肉400克，黄瓜
200克

调料

植物油30克，盐3克，
鸡精2克，蒜末、红椒各
30克，料酒、辣椒油各
10克

做法

1 牛腱子肉洗净，入沸水锅中加盐和料酒煮熟，捞出
沥干。

2 牛腱子肉切片，摆盘。

3 黄瓜洗净，切长条，焯水，摆盘。

4 红椒洗净，切圈。

5 锅置火上，入油烧热，放入红椒、蒜末炒香。

6 调入盐、鸡精和辣椒油，起锅浇在盘中的牛腱子肉
上即可。

蜀香排骨

材料

猪排骨 500 克，青椒 50 克

调料

植物油 30 克，干辣椒 50 克，蒜苗 40 克，水淀粉 30 克，
孜然粉 10 克，盐 4 克，鸡精 3 克

做法

1 猪排骨洗净，斩段备用。

2 将排骨段加水淀粉裹匀。

3 青椒、蒜苗分别洗净，均切段。

4 锅置火上，入油烧热，下入猪排骨炸至表面呈金黄
  色，捞出。

5 锅底留油，加蒜苗、青椒、干辣椒、孜然粉炒香。

6 下入猪排骨炒匀，再加入盐和鸡精调味，起锅装盘
  即可。

香辣酱兔头

材料
兔头 400 克，生菜 100 克，白芝麻少许

调料
植物油30克，豆瓣酱10克，花椒粉、辣椒粉各20克，
料酒10克，卤水500克

做法
1 生菜洗净，排于盘中。

2 将兔头洗净备用。

3 把兔头放入卤水中卤约半小时，捞出备用。

4 取少许卤水烧沸，下料酒、豆瓣酱用小火稍炒，再加
　入花椒粉、辣椒粉炒几分钟，下入兔头不停地翻炒。

5 炒至卤汁将干时，撒白芝麻。

6 兔头出锅盛在生菜上，浇汁即可。

竹网小椒牛肉

材料
牛肉 300 克，腰果 80 克，干红辣椒 50 克

调料
植物油 30 克，盐 3 克，白芝麻 15 克，青椒、胡椒
粉各 50 克

做法
1 牛肉洗净，切片，加盐腌渍片刻。

2 在其表面裹上一层胡椒粉备用。

3 干红辣椒洗净，切段；青椒去蒂洗净，切段。

4 锅置火上，入油烧热。

5 将牛肉片放入锅中油炸。

6 牛肉炸至熟后，捞出控油。

7 锅底留油，入腰果、干红辣椒、白芝麻、青椒炒香。

8 放入炸好的牛肉炒匀，盛入盘中的竹网即可。

功夫耳片

材料

猪耳 350 克，胡萝卜 100 克

调料

植物油 30 克，盐 2 克，生抽 10 克，醋 5 克，酸梅酱 10 克

做法

1 猪耳处理干净，挖去中部；胡萝卜洗净，切成圆片后酿入猪耳中。

2 猪耳放入蒸锅中蒸 15 分钟，取出切片装盘。

3 用盐、生抽、醋制成一味碟，用酸梅酱制成一味碟，蘸食即可。

香辣猪脆骨

材料

猪脆骨 400 克

调料

植物油 30 克，盐 3 克，鸡精 5 克，酱油 15 克，辣椒油 10 克，料酒 10 克

做法

1 猪脆骨洗净，切块。

2 锅置火上，入油烧热，放入猪脆骨翻炒至变色。

3 倒入酱油、辣椒油、料酒炒匀。

4 炒至熟后，加入盐、鸡精拌匀调味，起锅装盘即可。

山椒腰花

材料
猪腰 300 克，野山椒 30 克，莴笋 50 克

调料
植物油 30 克，盐 3 克，味精 1 克，生抽少许

做法
1 猪腰处理干净，切成腰花。

2 莴笋去皮洗净，切条；野山椒洗净。

3 锅置火上，入油烧热，放入腰花炒至变色。

4 加入莴笋、野山椒一起翻炒。

5 炒至熟透后，加入盐、味精、生抽调味，起锅装盘即可。

烧椒皮蛋

材料

皮蛋 500 克，青椒 10 克

调料

植物油 30 克，酱油 15 克，醋 10 克，盐 3 克，红椒 5 克，
香油 5 克，蒜、葱各 30 克

做法

1 皮蛋剥壳洗净，装盘备用；红椒洗净切丁；蒜洗净切蓉；葱
洗净切碎；青椒去籽洗净。

2 青椒放在火上烤熟，在冷开水中洗掉烧焦的黑皮和辣椒籽，
切粒。

3 碗里放入蒜蓉、葱碎、酱油、醋、盐、香油、红椒丁、烤青
椒粒，搅拌均匀，倒在皮蛋上。

泡椒牛肉花

材料

牛肉丸200克，泡椒
100克

调料

植物油30克，盐2克，
味精1克，酱油10克，
水淀粉10克

做法

1 牛肉丸洗净，在顶端打上十字花刀；泡椒洗净。

2 锅置火上，入油烧热，放入牛肉丸炒至变色，加入
  泡椒一起炒匀。

3 拌炒至熟后，加入盐、味精、酱油调味。

4 用水淀粉勾芡后，起锅装盘即可。

水煮牛肉

材料

牛肉400克，芹菜100克，蒜苗100克，豌豆尖50克

调料

姜片、蒜末、葱花各50克，味精3克，胡椒粉、豆瓣、辣椒粉、料酒各15克，酱油10克，花椒粉、盐各5克，高汤300毫升，色拉油30克，水淀粉10克

做法

1 牛肉洗净切片。

2 用盐、料酒、酱油、水淀粉码味上浆。

3 蒜苗、芹菜分别洗净，切段。

4 锅置火上，入油烧热，放入豆瓣、豌豆尖、芹菜、蒜苗、姜片炒香。

5 锅中倒入高汤烧沸。

6 煮至芹菜断生后用漏勺捞起，放在大碗中垫底。

7 锅内倒入牛肉片煮熟，勾芡收汁。

8 起锅盛在碗中，撒上花椒面、辣椒面、胡椒粉、味精、葱花、蒜末，淋上七成热的油即可。

夫妻肺片

材料

牛肉 100 克，牛百叶、牛舌、牛心各 100 克，芝麻 30 克，盐炒花生仁 50 克

调料

辣椒油 10 克，花椒粉 5 克，盐 5 克，味精 3 克，酱油 8 克，料酒 10 克，香油 5 克，大料 10 克，葱 30 克

做法

1 香葱洗净，切粒；芝麻炒香。

2 盐炒花生仁研成颗粒状。

3 牛肉、牛百叶、牛舌、牛心处理干净，放入沸水锅中，加入大料、料酒煮熟后捞起，沥干水分，放凉备用。

4 将晾好的肉均切成长约 6 厘米、宽约 3 厘米的薄片，装入盘内。

5 将盐炒花生仁颗粒、芝麻装在碗中，加入辣椒油、味精、盐、酱油、花椒面、香油调成麻辣味汁。

6 将味汁淋在牛肉片上，撒上香葱粒即可。

东坡脆皮鱼

材料

鲤鱼 500 克

调料

植物油 30 克，姜 30 克，葱 40 克，香菜 30 克，料酒 5 克，胡椒粉 5 克，盐 3 克，淀粉 5 克，糖 3 克，番茄酱 10 克

做法

1 鲤鱼处理干净，两面打上花刀。

2 葱、姜洗净切碎；香菜洗净，切段。

3 鲤鱼用葱、姜、盐、料酒、胡椒粉腌渍，拣除葱、姜，用水淀粉挂糊，拍上干淀粉。

4 锅置火上，入油烧热，放入鲤鱼，炸至表皮酥脆装盘。

5 锅中加入糖和番茄酱炒匀，浇在鱼上，撒上香菜即可。

五花肉烧茶树菇

材料

五花肉 150 克，鲜茶树菇 100 克

调料

植物油 30 克，盐 3 克，料酒 10 克，白糖、老抽、生抽各 5 克，豆瓣酱、干红椒、青椒各 30 克

做法

1 所有原材料处理干净。

2 锅置火上，入油烧热，放入白糖熬至变色。

3 再入五花肉翻炒，使五花肉均匀地裹一层糖色。

4 加盐、老抽、生抽、料酒、豆瓣和清水烧开。

5 再入茶树菇、青椒、干红椒同煮至熟。

6 大火收浓汤汁，起锅装盘即可。

双菇滑嫩鸡

材料

鸡肉 400 克，小 白 菜 200 克，口蘑、香菇各 100 克

调料

植物油 30 克，盐、鸡精 各 3 克，酱油、料酒各 10 克，水淀粉 15 克

做法

1 鸡肉洗净，切块，加盐和料酒拌匀，腌渍。

2 小白菜、口蘑、香菇洗净，均切片。

3 鸡肉先入沸水中氽烫，去血水。

4 锅置火上，入油烧热，下入鸡肉滑炒至变色。

5 再放入小白菜、口蘑、香菇同炒至熟。

6 入盐、鸡精、酱油调味，加水淀粉勾芡，起锅装盘即可。

干锅驴三鲜

材料

驴肉、驴皮、驴鞭各 400 克

调料

植物油30克,盐、鸡精各3克,酱油5克,青椒、红椒、
大蒜、辣椒油各 20 克

做法

1 驴肉、驴皮、驴鞭处理干净，切小块。

2 将驴肉、驴皮、驴鞭放入沸水中汆烫，捞出沥干水
  分备用。

3 青椒、红椒去蒂，洗净，切段；大蒜去皮，洗净。

4 锅置火上，入油烧热，下入大蒜、青椒、红椒炒香。

5 再放入驴三鲜煸炒至熟。

6 调入盐、鸡精、酱油、辣椒油炒匀，装盘即可。

楼兰节节香

材料

猪尾、黄豆芽各200克，
猪腿肉100克

调料

植物油30克，盐3克，
鸡精2克，芝麻油、熟芝
麻各5克，葱花、辣椒油、
干辣椒、泡椒各30克

做法

1 猪尾洗净，入沸水中汆烫后捞出，晾凉。

2 将猪尾切段。

3 猪腿肉洗净切块，入沸水中汆烫。

4 黄豆芽洗净，烫熟，装盘底。

5 锅置火上，入油烧热，入干辣椒、泡椒炒香。

6 放入猪尾、猪腿肉爆炒。

7 然后加适量清水，用大火焖煮，调入盐、鸡精、辣
　椒油、芝麻油，焖10分钟。

8 出锅倒在黄豆芽上，撒上葱花即可。

芹香鸡蛋干

材料

鸡蛋干 200 克，芹菜 50 克

调料

植物油 30 克，盐 3 克，鸡精 2 克，红椒 30 克

做法

1 鸡蛋干洗净，切成细条；芹菜洗净，切丝；红椒洗
 净，切丝。

2 锅置火上，入油烧至五成熟，放入鸡蛋干、红椒
 丝、芹菜丝炝炒，放入鸡精、盐调味后起锅装盘
 即可。

第二章 ●

湘菜：辣味和腊味，念念不忘的『湘味』

湘菜的特色原料

湖南丰富的动植物资源，为湘菜提供了源源不断的独特原料，孕育着湘菜的千滋百味。

冬笋、冬苋菜、红菜薹、韭菜、莲藕，号称"湖湘五蔬"。冬笋以浏阳大围山的最好，用它烹制的冬笋腊肉、油焖冬笋……嫩黄鲜脆，营养丰富。冬苋菜以软糯鲜嫩为特色，炒煮、烹汤、下火锅，鲜香味美可口。将冬笋、冬苋菜、冬菇合炒谓之"炒三冬"，取浏阳大围山的冬笋、平江的冬苋菜、福建的上等冬菇合烹，集三鲜之美，别具风味。莲藕，以汉寿的玉臂藕最为著名，壮如臂，白如玉，汁如蜜，嫩脆，落口消融。湖南的韭菜以叶细、茎矮、气香、肉质厚嫩、辛辣味浓著称。

甲鱼、银鱼、鳜鱼、鳙鱼、小龙虾合称"洞庭五鲜"。自古洞庭甲鱼甲天下，湘厨烹制的"原蒸水鱼裙腿""原汁武陵甲鱼""红烧甲鱼"酥烂浓香，鲜美可口。"火焙银鱼""奶汤银鱼""雪花银鱼"更是无上妙品。以洞庭湖小龙虾烹制的"口味龙虾"更是从南吃到北。独产洞庭的鳙鱼头配上湖南辣椒、蒜子、紫苏，绝对美味。

湖南的干菜干香诱人，腊肉、火焙鱼、萝卜干是湖南人的"干菜三绝"。其中，"萝卜干炒腊肉"最为经典，萝卜干金黄甜脆，与腊肉腊香融为一体，一吃千年不厌。

浏阳的黑山羊、张家界的黑木耳、常德的黑豆、湘江的乌鱼、东安的山乌鸡合称"三湘五黑"。黑得纯正，黑有营养，都是烹制湘菜的上等佳肴原料。

因为有了它们，湘菜才有如此鲜活的魅力。

冬笋

冬笋，又名南竹笋，是立秋前后由毛竹（楠竹）的地下茎（竹鞭）侧芽发育而成的笋芽。冬笋既可以生炒，又可炖汤，其味鲜美爽脆。食用时最好先用清水煮滚，放到冷水泡浸半天，可去掉苦涩味，味道更佳。比较适合三高人群食用的"冬笋牛肉丝"和延缓衰老的"冬笋鱿鱼肉丝"都是以冬笋为料的经典湘菜。

冬苋菜

冬苋菜，又名葵菜、滑菜、冬寒菜，是锦葵科植物冬葵的嫩茎叶，湖南各地均有分布。四时可采，洗净鲜用。冬苋菜以幼苗或嫩茎叶供食，营养丰富，可炒食、做汤，茎叶柔滑、清香。湘菜中的"砂锅冬苋菜梗"是减肥餐桌上的主角。

红菜薹

红菜薹，别名紫菜薹、红油菜薹，它与广东菜心是属于同一变种，为十字花科芸薹、属芸薹种、白菜亚种的变种，一二年生草本植物，是原产我国的特产蔬菜，主要分布在长江流域一带，以湖北武昌和四川省成都的栽培最为著名。据史籍记载，红菜薹在唐代是著名的蔬菜，历来是湖北地方官向皇帝进贡的土特产，曾被封为"金殿玉菜"，与武昌鱼齐名。红菜薹可清炒、醋炒，亦可麻辣炒。其色碧中带紫，其味鲜嫩爽口，武汉人无不喜食。当然，这其中，尤以"红菜薹炒腊肉"最令人难以忘怀。

韭菜

韭菜，属百合科多年生草本植物，别名草钟乳、起阳草、长生草，又称扁菜。湖南的韭菜尤其以叶细、茎矮、气香、肉质厚嫩、辛辣味浓著称，又称"香韭菜"，因其"翠发剪还生"被称为"一束金"，还因它有养生壮阳功能，湘人俗称"壮阳草"。湘菜中，有众多简单小菜都离不开韭菜，如"清炒韭菜""辣炒韭菜""韭菜煎蛋""河虾炒韭菜"等。

莲藕

莲藕属睡莲科植物，莲的根茎肥大，有节，中间有一些管状小孔，折断后有丝相连。藕微甜而脆，可生食也可做菜，而且药用价值相当高。它的根根叶叶，茎须果实，无不为宝，都可滋补入药。湖南盛产，湘人的口福。尤其以汉寿的白臂藕著名，壮如臂，白如玉，汁如蜜，吃起来嫩脆脆的，落口消融。夏吃滋阴除燥，冬可补温活血。初挖出的鲜藕，脆甜鲜嫩，是佐酒佳肴。藕除了凉拌，还可以炸、煨、炖、熘、炒……举不胜举，妙不可言。

甲鱼

甲鱼俗称水鱼、团鱼和王八等，卵生爬行动物，水陆两栖生活。鳖肉味鲜美、营养丰富，有清热养阴，平肝熄风，软坚散结的效果。自古"洞庭甲鱼甲天下"。《左传·宣公四年》就记载着"楚人献鼋于郑灵公"。足见那时起湖南的甲鱼珍贵。几千年来，湘厨烹制的"原蒸水鱼裙腿""原汁武陵甲鱼""生烧甲鱼"还是那样的原汁原味，酥烂浓香，鲜美可口。

乌鱼

乌鱼又称黑鱼、蛇皮鱼、食人鱼、火头、才鱼。《神农本草经》将其列为上品，李时珍说："鳢首有七星，形长体圆，头尾相等，细鳞、色黑，有斑花纹，颇类蝮蛇，形状可憎，南人珍食之。"乌鱼是营底栖性鱼类，乌鱼出肉率高，肉厚色白、红肌较少，无肌间刺，味鲜，通常用来做鱼片，以冬季出产为最佳。代表菜式有"菊花财鱼""清炒乌鱼片""番茄鱼片汤"等。

银鱼

银鱼因体长略圆，细嫩透明，色泽如银而得名。其产于长江口，俗称面丈鱼、面条鱼、冰鱼、玻璃鱼等。据《巴陵县志》记载："银鱼产洞庭湖岳阳君山水城，中外名产矣。"1918年在巴拿马国际水产会上银鱼被列为世界名产，其实银鱼在唐代就成了席上珍品。诗人白居易曾赋诗："庭前供白小，天然三寸长。"形象描绘了银鱼的特点：银白透体，长约10厘米。用它做出来的湘菜名菜"火方银鱼""奶汤银鱼""雪花银鱼"等名扬四海，被人称赞不已。

鳜鱼

鳜鱼又叫桂鱼、鳌花鱼，属于分类学中的脂科鱼类。鳜鱼肉质细嫩，刺少而肉多，其肉呈瓣状，味道鲜美，向为鱼中之佳品。"西塞山前白鹭飞，桃花流水鳜鱼肥"，这是诗人张志和在《渔歌子》中对鱼中上品——鳜鱼的描写。诗句形象地描绘了吃鳜鱼的最好时机：每年桃花汛期到，鳜鱼就长得很肥壮了。或水煮、或清蒸、或黄焖、或干烧、或辣酥、或糖醋……汤食，汤白肉嫩鲜香；干食，肉嫩味浓可口。湘菜传统名菜"柴把鳜鱼""松鼠鳜鱼"等菜肴就广受食客好评。

鳙鱼

鳙鱼又叫花鲢、胖头鱼、包头鱼、大头鱼、黑鲢。外形似鲢，侧扁，是淡水鱼的一种。"鳙鱼吃头，青鱼吃尾。"用肥大的洞庭鳙鱼头配上独特的湖南辣椒、蒜子、紫苏，再用旺火足汽急蒸，或文火慢煮、干烧，绝对美味。鳙鱼适用于烧、炖、清蒸、油浸等烹调方法，尤以清蒸、油浸最能体现出胖头鱼清淡、鲜香的特点。鳙鱼鱼头大而肥，肉质雪白细嫩，是"鱼头火锅"的首选。此外，湘菜中的"剁椒鱼头""双味鱼头""干烧鱼头"皆因采用鳙鱼头而更美味。

小龙虾

小龙虾是存活于淡水中一种像龙虾的甲壳类动物，学名克氏原螯虾，也叫红螯虾或者淡水小龙虾。小龙虾因体型比其他淡水虾类大，肉也相对较多，以及肉质鲜美等原因，而被制成多种料理，包括赫赫有名的"麻辣小龙虾"等，是常见的餐点，受到了食客们普遍的欢迎。

腊肉

湘人制作腊肉十分讲究：一般取75千克左右一头的子猪的带皮肉

熏做。先腌盐，再置农家灶台上用冷烟慢熏。色泽油亮，烟香撩人。文豪梁实秋先生抗战初期途经湖南，在湘潭一朋友家吃过一顿腊肉，铭记在心。后来在他的散文中写道："湖南的腊肉是最出名的。"湘菜中腊肉的吃法很多，传统的吃法有"腊味合蒸""清水蒸腊肉""大蒜辣椒炒腊肉""冬笋腊肉""腊肉炖腊干"等；创新的吃法有"腊肉鳅鱼丝瓜""香煎腊肉""酸菜腊肉"等。

火焙鱼

火焙鱼，妙在"鱼吃小"。鱼要选小溪小塘里的小肉嫩子鱼，火候要掌握精准，先用柴火把铁锅烧热，涂上茶油，再将活小鱼放入，微火，鱼跳，茶油自然粘满鱼的全身，再小火细心慢焙至鱼金黄油亮，皮酥肉嫩。这才是湖南地道的"火焙鱼"。用煎、炒、蒸、煮等原味湘菜手法，可烹"油酥火焙鱼""豆豉火焙鱼""青椒炒火焙鱼""干椒紫苏煮火焙鱼"等。

萝卜干

湘人钟爱萝卜。当季时鲜吃，"清炖萝卜""烧萝卜""蒸萝卜""炒萝卜丝""煮萝卜"。不当季时干吃，先在当季时就用鲜萝卜切条、切成片、切丁、切丝晾干，到过季时就有"辣椒萝卜""炒萝卜干"等，香辣甜脆。其中"萝卜干炒腊肉"最为经典，萝卜干金黄甜脆，与腊肉腊香融为一体，百吃不厌。

黑木耳

木耳，别名黑木耳、光木耳，是一种营养性滋补食品，优质黑木耳乌黑光润，其背面略呈灰白色，体质轻松，身干肉厚，朵形整齐，表面有光泽，耳瓣舒展，朵片有弹性，嗅之有清香之气。

张家界的黑木耳色泽黑褐，质地柔软，味道鲜美，营养丰富，可素可荤，为中国菜肴大添风采。湘菜中，有很多以黑木耳做主料或配料，如"小炒黑木耳""葱烧木耳""长山药炒木耳"等，使得湘菜锦上添花。

黑豆

黑豆为豆科植物大豆的黑色种子，又名乌豆，味甘性平。现代药理研究证实，黑豆除含有丰富的蛋白质、卵磷脂、脂肪及维生素外，尚含黑色素和烟酸。正因为如此，黑豆一直被人们视为药食两用的佳品。

湖南常德盛产的黑豆以优质闻名，这使得湘菜中有以黑豆为原料的名菜"芸豆黑豆煲凤爪"，还有"黑豆煮鱼""黑豆爆鸡丁"等家常小菜。另外，黑豆也常用来做汤、粥，深得人们的喜欢。

黑山羊

浏阳黑山羊是著名的优良地方品种，全身黑毛、油光发亮、皮呈青黑色。黑山羊肉性温热，能补气滋阴、暖中补虚，被称为"人类的保健性功能食品"；而且黑山羊肉胆固醇含量低，优质氨基酸含量高，符合现代人们对食品的要求，是一种理想的肉产品。

浏阳的黑山羊肉质细嫩，味道鲜美，瘦肉多，脂肪少，鲜嫩多汁，营养价值高，为湖南山羊品种之最，为现代都市人群带来了营养价值高、口味纯正独特、易于烹饪与加工的健康食品。

山乌鸡

湖南东安的山乌鸡属肉蛋兼用型地方优良品种，遗传性能稳定，体型中等偏大，耐粗饲，抗逆性强，环境适应力强，具有繁殖率高、肉质细嫩、浓香可口，营养价值高等优良特性。其皮、肉、骨和内脏均显乌色，素有"黑肉、黑骨、黑心肝"之称。

　　湘菜中的名菜"东安子鸡"，肉质细嫩、香甜可口，营养价值高，声名远扬。

湘菜的调味风格

　　湘菜的调味讲究"相物而施"：对各种调味料的浓淡、稀稠、多少、新陈、加入以严格选用和区分，决不死板一律，以产生不同的味型，达到主味突出、咸鲜其中、回味无穷。即使是一个"辣"味，由于采用不同的辣品调味，如干辣椒、辣椒粉、辣椒油、鲜辣椒、指天椒、黄蜂辣椒、花椒散，虽然都是一个"辣"味，但可以调出不同的类型，有轻微带辣，有香鲜见辣，有酸辣鲜浓，有刺激浓辣。通过不同荤素配料的巧妙组合，产生千变万化的浓郁湘味。

　　湘菜的调味运用，主要是运用菜肴的荤素、主配、调味品本身进行合理的组合，对各种原料的咸、甜、酸、辣、香、鲜的单一味进行组合加工，使菜肴在口味上产生多质、多滋、多味的变化，使菜肴在色彩上产生青、红、黄、白、黑、亮、浓、稀而成绚丽多彩的菜肴。

湘菜的特色调味品

浏阳豆豉

　　浏阳豆豉，是浏阳市的地方土特产。它是以泥豆或小黑豆为原料，经过发酵精制而成，具有颗粒完整匀称、色泽浆红或黑褐、皮皱肉干、质地柔软、汁浓味鲜、营养丰富，且久贮不发霉变质的特点。浏阳豆豉营养丰富，含有糖类、蛋白质、氨基酸、脂肪、酶、烟酸、维生素 B_1、维生素 B_2 等。加入水泡胀后，汁浓味鲜，是烹饪菜肴的调味佳品。

湘菜中的"腊味合蒸"，即以豆豉为作料。豆豉还具有一定的药用功能。以少量豆豉加入老姜或葱白、胡椒煎服，可祛寒解表。

玉和醋

玉和醋又称玉醋，清朝中晚期至民国初年，玉和醋成为与山西醋、镇江醋齐名的全国三大名醋之一。玉和醋选用糖化率高的浏阳石子糯米为主料，以紫苏、花椒、茴香、食盐为辅料，以炒焦的节米为着色剂，从原料加工到酿造，再到成品包装，各道工序的操作规程极为严密，产品制成后，要储存一两年后方可出厂销售。玉和醋具有浓、香、醇、鲜四大特点，它不仅是日常烹调佳料，还具有开胃生津、和中养颜、醒脑提神等多种功效。

同是用黄芽白做菜，湘菜中用长沙的玉和醋做作料炒出的芽白，香浓色重味厚，与一般作料炒出来的不同。

茶陵紫皮大蒜

茶陵紫皮大蒜因皮紫肉白而得名，是茶陵地方特色品种，与生姜、白芷同誉为"茶陵三宝"。湖南民间流传说，茶陵大蒜是"一蒜入锅百菜辛，一家炒蒜百家香"。茶陵大蒜是一个经过多年选育、逐渐形成的地方优良品种，具有个大瓣壮、皮紫肉白、包裹紧实、香辣浓郁、含大蒜素高等优点。

永丰辣酱

此辣酱是清朝贡品，得名于湖南双峰县永丰镇，很是有名。永丰辣酱以本地所产的一种肉质肥厚、辣中带甜的灯笼椒为主要原料，掺拌一定分量的小麦、黄豆、糯米，依传统配方晒制而成。其色泽鲜艳，味道鲜美，辣中带甜，芳香可口，具有开胃健脾、增进食欲、帮助消化、散寒祛湿等功效。

湘潭酱油

湘潭制酱历史悠久，湘潭酱油以汁浓郁、色乌红、香温馨被称为"色香味三绝"。据《湘潭县志》记载，早在清朝初年，湘潭就有了制酱作坊。湘潭酱油除味道鲜美外，还含有数十种香气成分及人体所必需的氨基酸、营养元素，是湘菜调味佳品之一。湘潭酱油选料、制作乃至储器都十分讲究，其主料采用脂肪、蛋白质含量较高的澧河黑口豆、荆河黄口豆和湘江上游所产的鹅公豆，辅料食盐专用福建结晶子盐，胚缸则用体薄传热快、久储不变质的苏缸。生产中，浸子、蒸煮、拦料、发酵、踩缸、晒坯、取油七道一序，环环相扣，严格操作，一丝不苟。用独特的传统工艺酿造的湘潭酱油久贮无浑浊、无沉淀、无霉花，深受湖南人民的喜爱。

浏阳河小曲

浏阳河小曲酒质无色透明，酒香浓郁，味满醇和，回味绵长，是湘菜必备的调料之一。浏阳河小曲以优质高粱、大米、糯米、小麦、玉米等为主要原料，利用自然环境中的微生物，在适宜的温度与湿度条件下扩大培养而成为酒曲。酒曲具有使淀粉糖化和发酵酒精双重的作用，数量众多的微生物群在酿酒发酵的同时代谢出各种微量香气成分，形成了浏阳小曲酒的独特风格。

腊八豆

　　腊八豆是湘菜特色调料之一，有一种特殊的香味。它是将黄豆用清水泡胀后煮至烂熟，捞出，沥干水分，摊凉后放入容器中发酵，发酵好后再用调料拌匀，放入坛子中腌渍而成。黄豆经过发酵腌渍后，蛋白质分解氨基酸增加，使其更容易消化吸收，因而很受人们的喜爱。

辣妹子

　　辣妹子即辣妹子辣椒酱，它精选上等红尖椒，细细碾磨成粉，再加上大蒜、八角、桂皮、香叶、茶油等香料，运用独门秘方文火熬成，经高温消毒杀菌，无任何人工色素和防腐剂，属纯天然食品。辣妹子辣椒酱辣味醇浓、口感细腻、色泽鲜美，富含铁、钙、维生素等多种营养成分，是正宗、地道的湖南调味料之一。

湘菜的烹调方法

炖

　　炖是指在食物原料中加入汤水及调味品，先用旺火烧沸，然后转成中小火，长时间烧煮的烹调方法，属火功菜技法。炖分为隔水炖和不隔水炖。隔水炖是指将原料装入容器内，置于水锅中或蒸锅上用开水或蒸汽加热炖制；不隔水炖是指将原料直接放入锅内，加入汤水，密封加热炖制。炖法、焖法、煨法并称为"储香保味"的三大"火功菜"。湘菜中有很多菜使用炖法，如"玉米炖排骨""栗炖土鸡""羊肉炖粉条"等。

炸

炸是以食油为传热介质的烹调方法，特点是旺火、用油量多。用炸法加热的原料大部分要间隔炸两次。用于炸的原料在加热前一般须用调味品浸渍，加热后往往随带辅助调味品上席。炸制菜肴的特点是香、酥、脆、嫩。按所用原料的质地及制品的要求不同，炸可分为清炸、干炸、软炸、酥炸、卷包炸和特殊炸等。湘菜中"香炸藕片""软炸虾糕"就用炸制手法，口感香脆，美味香浓。

蒸

蒸指把经过调味后的食品原料放在器皿中，再置入蒸笼利用蒸汽使其成熟的过程。根据食品原料的不同，可分为猛火蒸，中火蒸和慢火蒸3种。湘菜中"腊味合蒸""骨汁蒸排骨""湘菜扣肉"等，都采用蒸的做法。

焖

焖是将经油煎、焖炒或焯水等加工处理的原料，放入锅中加入适量的汤水和调料盖、紧锅盖烧开后，改用中火进行较长时间的加热，待原料酥软入味后，留少量味汁成菜的多种技法总称。按预制加热方法分为原焖、炸焖、爆焖、煎焖、生焖、熟焖、油焖；按调味种类分为红焖、黄焖、酱焖、原焖、油焖。"黄焖田鸡"就是湘菜中典型的焖菜，做得后，鸡肉柔软酥嫩。

涮

涮是将易熟的原料切薄片，放入沸水火锅中，经极短时间加热，捞出，蘸调味料食用的技法，在卤汤锅中涮的可直接食用。原料在沸水中所用时间很短，原料的鲜香味不致流失，成品滋味浓厚。涮法必须在特制的炊具，即火锅中进行。湖南的火锅也很有名。

焯

用焯法成菜一般以汤作为传热介质，成菜速度较快，是制作汤菜的专门方法。这种方法特别注重对汤的调制。它包括清焯和浓焯两种焯菜方式。选较嫩的原料，切成小片、丝或剁茸做成丸子，在含有鲜味的沸汤中焯熟。也可先将原料在沸水中烫熟，装入汤碗内，随即浇上滚开的鲜汤。代表菜为"清汤鱼丸""焯鱼丸""焯白肉"。

卤

卤是冷菜的烹调方法，也有热卤，即将经过初加工处理的家禽、家畜肉放入卤锅加热浸煮，待其冷却即可。

卤水制作：锅洗净上火烧热，锅滑油后放入白糖，中火翻炒，糖粒渐溶，成为糖液，见糖液由浅红变深红色，出现黄红色泡沫时，投入清水 500 克，稍沸即成糖色水作为调料备用。将备好的香药料用纱布袋装好，用绳扎紧备用。锅置中火上，入花生油 100 克，入姜、葱爆炒出香味，放清水、药袋、酱油、盐、料酒、酱油适量，一同烧至微沸，转小火煮约 30 分钟。弃掉姜、葱，加入味精，撇去浮沫便成。

煨

古作埋入炭灰至熟方法，现在湖南、江西等地方使用，今指利用姜葱和汤水使食物入味及避开食物本身的异味的加工方法。将加工处理的原料先用开水焯烫，然后放入砂锅中，加足汤水和调料，用旺火烧开，撇去浮沫后加盖，改用小火长时间加热，直至汤汁黏稠，原料完全松软成菜的技法。

烩

烩指将原料油炸或煮熟后改刀，放入锅内加辅料、调料、高汤烩制的方法。具体做法是将原料投入锅中略炒，或在滚油中过油，或在沸水中略烫之后，放在锅内加水或浓肉汤，再加作料，用武火煮片刻，然后加入芡汁拌匀至熟。这种方法多用于烹制鱼虾和肉丝、肉片，如烩鱼块、肉丝、鸡丝、虾仁之类。

酱香蹄花

材料

猪蹄肉 300 克

调料

红油 100 克，植物油 30 克，豆豉、芝麻、红椒、黄椒、芹菜、葱花各 10 克，盐 5 克，卤水适量

做法

1 猪蹄肉处理干净，焯水，在大碗中配置一些卤汁备用。

2 锅置火上，倒入适量水，煮沸，放入猪蹄，调入一些卤汁。

3 将卤熟的猪蹄肉切成片，摆入盘中。

4 锅置火上，倒入适量油烧热，放入豆豉炒香；倒入切碎的红椒、黄椒、芹菜翻炒。

5 将炒香的菜盛入盆内，放入红油和盐调匀，入味。

6 将菜淋在肉片上，撒上芝麻、葱花即可。

鱼子莴笋

材料

莴笋 300 克

调料

红椒、鱼子、植物油各 20 克，盐 5 克，味精 2 克

做法

1 莴笋去皮，洗净，切条；鱼子处理干净；红椒去
蒂，洗净，切丁。

2 锅置火上，倒入适量清水，烧沸，放入莴笋焯熟，摆盘。

3 锅下油烧热，放入鱼子、红椒滑炒，调入盐、味精
略炒，均匀地淋在盘内莴笋上即可。

凉拌米豆腐

材料
米豆腐200克

调料
干辣椒末、酥花生米各15克，辣椒油10克，醋、葱花、盐各5克，鸡精2克

做法
1 米豆腐洗净，切成小块，装盘中。
2 碗中加入干辣椒末、酥花生米，调入盐、鸡精、辣椒油、醋兑成汁。
3 浇在米豆腐上，撒上葱花即可。

美味竹笋尖

材料

竹笋尖 300 克，红椒、香菜各 30 克

调料

盐、白醋各 5 克，香油 2 克

做法

1 竹笋尖洗净，切条；红椒去蒂，洗净，切丝；香菜洗净，切段。

2 锅置火上，倒入适量清水，烧沸；加入盐，分别将竹笋尖、红椒焯熟，捞出，沥干水分，装盘。

3 加入少许盐、白醋、香油拌匀，撒上香菜段即可。

红油猪舌

材料

猪舌 250 克

调料

红油 20 克，盐、生抽、
葱花、香油各 5 克，味精
2 克

做法

1 猪舌处理干净，用沸水烫一下，捞出，趁热撕去表
　层白色的皮。

2 猪舌放入沸水锅中，煮熟，捞出，晾凉，切成薄片
　备用。

3 红油、生抽、盐、味精、香油一起放在碗中，调成味汁。

4 将味汁淋在猪舌上，拌匀，装盘，撒上葱花即可。

湘香酱板鸭

材料
鸭肉 400 克

调料
植物油15克，料酒10克，大料、桂皮、丁香、花椒、砂仁各8克，生抽、老抽、香油各5克，盐4克

做法
1 鸭处理干净，加盐、料酒、老抽腌渍15分钟。

2 将腌料在处理好的鸭肉身上涂抹均匀。

3 将腌渍的鸭放入油锅中，略炸。

4 等鸭身变得焦黄，捞出，沥油。

5 锅置火上，倒入适量清水，放入剩下的盐、料酒、生抽，加入大料、桂皮、丁香、花椒、砂仁等五香料，大火烧沸；放入鸭肉，再次烧沸，小火卤制约60分钟，取出鸭肉。

6 在鸭身表面刷上香油。

7 将鸭身切条块，装盘即可。

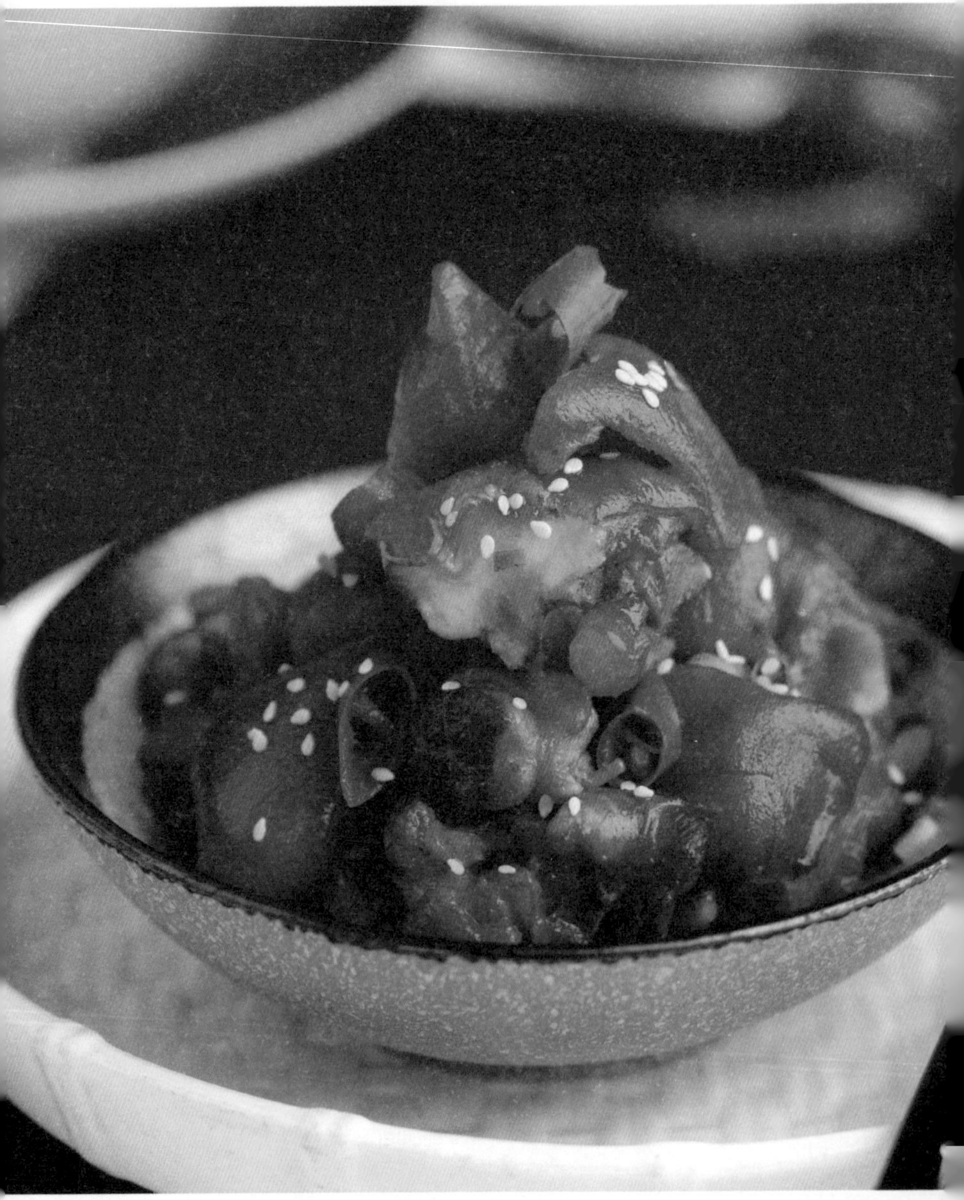

湘酱猪蹄

材料

猪蹄 500 克

调料

植物油 20 克，料酒 10 克，大料、花椒、砂仁、白糖、老抽、盐各 5 克，香油 2 克

做法

1 将猪蹄洗净、去毛，处理干净。

2 将猪蹄劈开，略处理，剁成块。

3 将剁好的猪蹄放入沸水中，焯熟，捞出，沥干水分。猪蹄放入大碗中，加入盐、料酒、老抽腌渍。

4 锅置火上，倒入适量油，烧热，倒入清水，调入剩余的盐、白糖、料酒、老抽，放入大料、花椒、砂仁等五香料烧沸，放入猪蹄。

5 等猪蹄卤熟，取出。

6 在猪蹄表面刷上香油，装盘即可。

湘卤鸭脖

材料

鲜鸭脖 500 克

调料

芝麻、植物油各 20 克,
干辣椒、料酒各 10 克,
卤料包 1 个,盐、姜片、
葱花各 5 克,水淀粉适量

做法

1 鸭脖洗净,加入盐、料酒拌匀,腌渍一段时间,捞出。

2 锅置火上,倒入适量油,烧热,放入干辣椒、姜片,
  稍炒;加入水、卤料包及剩余的盐烧沸,即成辣味卤。

3 将鸭脖放入烧沸的辣味卤汁里,用中火卤 10 分钟。

4 捞出后切段,撒上芝麻、葱花,用水淀粉勾芡,装
  盘即可。

苦笋炒腊肉

材料

腊肉200克，苦笋100克，
蒜苗30克

调料

植物油20克，料酒、红
椒各10克，盐5克，味
精3克

做法

1 腊肉用温水浸泡，洗净，切成片；红椒洗净，对
   切；蒜苗洗净，切段。

2 苦笋切块，倒入沸水中，焯水。

3 将捞出的苦笋洗净，切成片。

4 锅置火上，倒入适量油，烧热，放入红椒、腊肉炒香。

5 倒入苦笋，同炒片刻。

6 加入蒜苗，调入盐、味精、料酒炒匀，装盘即可。

油炸臭豆腐

材料
豆腐1000克

调料
植物油、辣椒油各20克，酱油、盐各5克，鸡精、
香油各2克，青矾适量，卤水100克

做法
1 青矾加入沸水搅匀。

2 放入豆腐，浸泡2小时，捞出冷却。

3 将捞出的豆腐放入卤水，浸泡。

4 卤好后，用冷沸水将豆腐清洗一下，沥干水分，备用；
   洗后的水留着继续洗，洗到水浓时，倒入卤水内。

5 辣椒油、酱油、香油、鸡精和适量清水兑汁；卤豆
   腐入沸锅，油炸5分钟，沥油。

6 将豆腐摆放在盘中，用筷子在豆腐中间捅一个眼。

7 将辣椒油淋在豆腐眼内，装盘即可。

小炒肥肠

材料
猪大肠 300 克，红椒 100 克

调料
芹菜 30 克，植物油 15 克，生抽、盐各 5 克，鸡精 3 克

做法
1 猪大肠处理干净，切圈。

2 将切好的猪大肠放入锅中，焯水。

3 红椒去蒂，洗净，切圈；芹菜洗净，切段，备用。

4 锅置火上，倒入适量油，烧热，放入猪大肠，炒至皮脆。

5 再放入红椒炒香，将猪大肠炒至八成熟。

6 倒入切好的芹菜，略炒。

7 调入盐、鸡精、生抽，翻炒均匀，装盘即可。

东安子鸡

材料
母鸡1只（约1500克），
清汤1000毫升，猪油
100克

调料
黄醋50克，植物油、淀
粉、料酒、葱、姜各25克，
干红辣椒10克，盐5克，
味精2克

做法
1 鸡去毛，处理干净。

2 将鸡胸、鸡腿切长条。

3 将鸡肉切成块。

4 姜切细丝；干红辣椒切末；葱白切斜刀段。

5 锅置火上，倒入适量油，烧热，下鸡条、姜丝、干
  辣椒煸炒出香味。

6 调入醋、料酒、盐、清汤。

7 放入淀粉、味精、葱白，装盘即可。

毛式红烧肉

材料

五花肉 300 克

调料

高汤 800 毫升, 植物油、白糖各 20 克, 大蒜 10 克, 草果、干辣椒、料酒、生抽、蜂蜜、桂皮、大料、盐各 5 克, 鸡精 2 克

做法

1 五花肉洗净, 冷水下锅, 大火煮沸, 撇去浮沫, 再煮 2 分钟后, 捞出, 沥干水分, 切 2.5 厘米见方的肉块。

2 大蒜切成片; 干辣椒切碎。准备好蒜片、草果、干辣椒碎、桂皮和大料。

3 锅置火上, 倒入适量油, 烧热, 加入白糖, 小火熬化。

4 迅速将炒香的肉块倒入翻炒均匀上色。

5 调入料酒、生抽。

6 倒入高汤, 大火烧沸。

7 转小火, 慢炖 1 个小时左右。

8 调入蜂蜜、鸡精和盐, 装盘即可。

麻辣子鸡

材料
鸡 500 克

调料
植物油 500 克，鸡蛋 1 个，大蒜 10 克，盐、白糖、辣椒油、淀粉、酱油各 5 克，花椒粉、香醋各 3 克，香油、料酒各 2 克，高汤适量，干辣椒 10 克

做法
1 将鸡身去毛，处理干净。

2 把鸡腿里的骨剔除掉。

3 将鸡肉切成小块，加入打匀的鸡蛋、味精、酱油和淀粉，搅拌，腌制 30 分钟。

4 大蒜、干辣椒洗净，切末。

5 锅置火上，倒入适量油，烧热，鸡块炸熟呈金黄色，捞出，沥油。

6 锅中留底油，烧热，放入蒜、辣椒，略炒。

7 放入鸡块，大火快速翻炒，再放入花椒粉。

8 调入酱油、糖、醋、料酒，倒入高汤拌炒均匀。

9 用水淀粉勾芡，淋上香油、辣椒油炒匀，装盘即可。

竹签牛肉

材料

牛肉 400 克，青辣椒 3 个，红辣椒 4 个，姜 1 块

调料

盐 5 克，淀粉 10 克，料酒 10 克，胡椒粉 2 克，蚝油 5 克，豆瓣酱 2 克

做法

1 牛肉洗净，横切薄片，放入料酒、盐、蚝油、淀粉、胡椒粉腌渍。

2 辣椒洗净，去蒂去籽，切成段；姜洗净切片、丝各少许。

3 锅内加水烧热，将腌好的牛肉、辣椒、姜一起过水，捞起沥干水分，将辣椒和姜片、牛肉穿在竹签上，摆放盘内。

4 锅烧热放油，加少许豆瓣酱，放入姜丝炒香，放入清水，调入盐、胡椒粉、淀粉调匀，淋在牛肉上即可。

红椒酿肉

材料

红泡椒 500 克，五花肉 300 克

调料

大蒜 50 克，植物油、金钓虾各 30 克，姜、水淀粉、水发香菇各 15 克，鸡蛋 1 个，香油、盐各 5 克，味精 3 克

做法

1 五花肉剁成泥；虾、香菇洗净，剁碎，加入肉泥、鸡蛋、味精、盐，调淀粉成软馅。

2 红泡椒在蒂部切口，去瓤，填入肉馅，用湿淀粉封口，下油锅，炸至八成熟，捞出。

3 红泡椒底朝下码入碗内，撒上蒜瓣，上笼蒸透；倒出原汁翻扣在盘中；原汁加入调料勾芡，淋在红泡椒上即可。

梅菜扣肉

材料

五花肉 400 克，梅菜 200 克，荷叶饼 8 个

调料

植物油 20 克，白糖 8 克，盐 2 克，蚝油 3 克，生抽 5 克，老抽 2 克，味精 1 克

做法

1 五花肉氽熟，沥干，肉皮抹上白糖，皮朝下入油锅炸至变色，取出切成片。

2 将五花肉皮朝下的放入碗中，码成一个田字形。

3 梅菜泡发洗净，剁碎，待用。

4 荷叶饼上屉加热。

5 将盐、蚝油、生抽、老抽、味精调成味汁，顺着碗沿浇入碗底。

6 将梅菜在五花肉上铺匀。

7 蒸碗上屉，用中火蒸 30 分钟。

8 取出后，扣入盘内，顺着盘沿摆放上荷叶饼即可。

红烧肉蒸茄子

材料

茄子 300 克，五花肉 200 克

调料

植物油 30 克，酱油、红油各 10 克，辣椒粉、葱花、盐各 5 克

做法

1 五花肉洗净，切成片，用盐、酱油腌渍。

2 茄子去皮，洗净，切段。

3 将切好的茄子按原来的形状摆在盘中，撒上盐、酱油。

4 锅置火上，倒入适量油烧热，放辣椒粉爆香；入五花肉，炒至出油，放入红油翻炒。

5 出锅，摆在茄子上面。

6 将盘子入锅，隔水蒸至肉熟。

7 出锅后，撒上葱花即可。

麒麟鳜鱼

材料

活鳜鱼 650 克，火腿 5 克，新鲜香菇 10 克

调料

葱花、姜末各 5 克，味精、黄酒、胡椒粉各少许，淀粉 15 克

做法

1 鳜鱼洗净打花刀，摆盘。

2 火腿、香菇均洗净切片，放在鱼身上。

3 将葱花、姜末、黄酒均匀地洒在鱼身上面即可。

4 上蒸锅，蒸大约 10 分钟。然后将蒸好的原汁加入味精、胡椒粉，勾
　成薄芡浇上去。

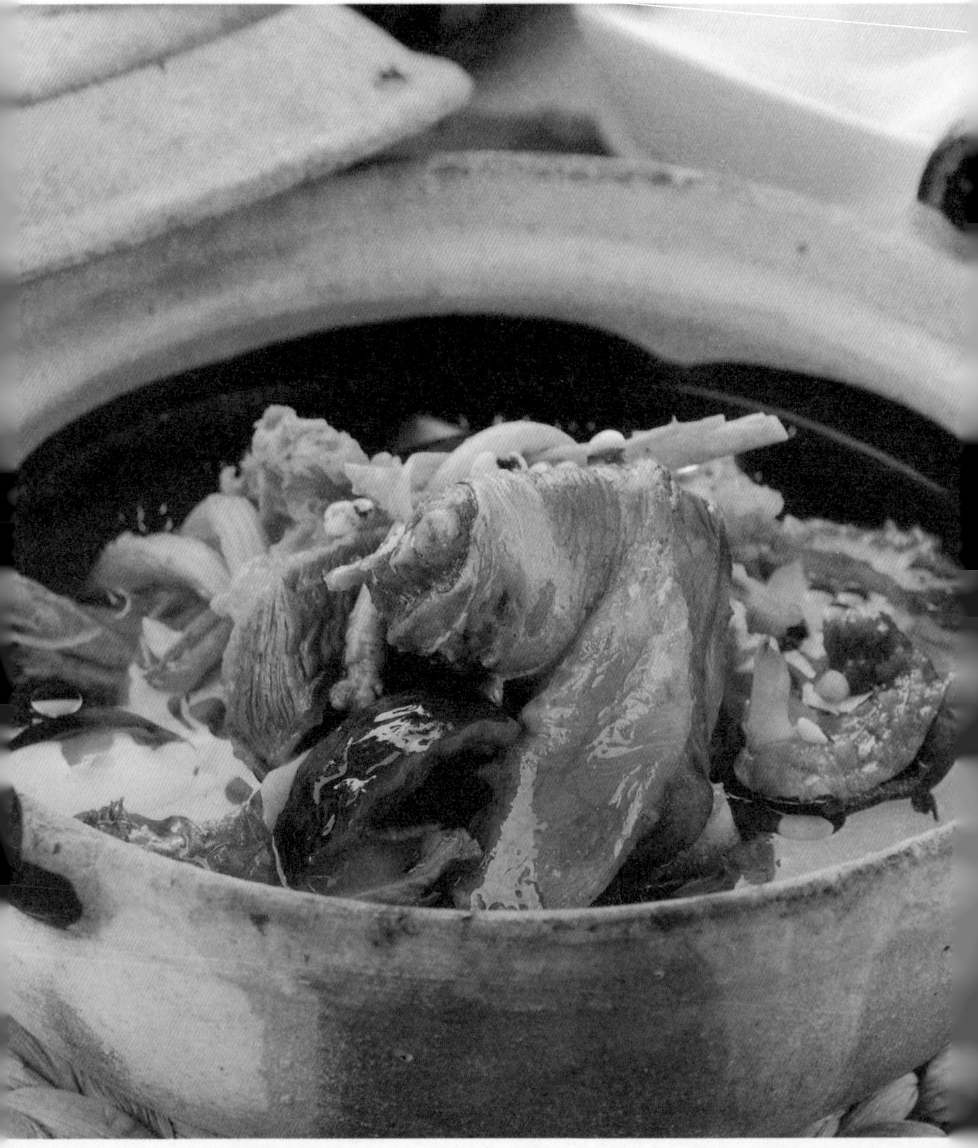

八宝龟羊汤

材料

乌龟肉（去壳）、净羊肉各 250 克，猪骨清汤 1500 毫升

调料

植物油 70 克，料酒 50 克，猪油、淮山药各 25 克，桂圆（去壳）、荔枝（去壳）、党参、薏米、姜片、桂皮各 15 克，盐、香附片 10 克，枸杞、红枣各 10 枚，白胡椒粉 2 克

做法

1 羊肉用冷水洗净，切约 3.3 厘米长、27 毫米宽、20 毫米厚的块。

2 锅置火上，倒入 1000 毫升水，放入羊肉块，大火煮沸，捞出，沥干水分，放在盆内。

3 锅内加水，烧至八成热，放入龟肉，烫一下，捞出，撕去腿上的粗皮，洗净，沥干水分，去掉头、爪，切约 3.3 厘米长、2.7 厘米宽的块。

4 取碗，放入党参、香附片，倒入 200 毫升水，入笼蒸约 30 分钟。

5 将荔枝、桂圆、枸杞、淮山药、薏米、红枣洗净，放入盆内，倒入 250 毫升清水，放入笼蒸约 1 小时。

6 炒锅放在火上，倒入适量植物油，烧至八成热，放入龟肉、羊肉、姜片、盐，爆炒 3 分钟入味，盛入钵内。

7 加入料酒、桂皮和猪骨清汤，置大火上煮沸，转用小火，煮至羊肉熟烂。

8 蒸好的党参、香附片、枸杞、淮山药、薏米等连汤倒入钵内，加入猪油烧沸。

9 放入荔枝、红枣、桂圆，撒上白胡椒粉，装盘即可。

剁椒鱼头

材料

鲢鱼头1个(约1200克),湖南特制剁椒50克,清汤1000毫升

调料

色拉油60克,豆豉30克,姜10克,蒜、盐、葱各5克,料酒3克

做法

1 将鱼头切下,处理干净。

2 把鱼头切成两半,鱼头背面相连。

3 葱切碎;姜块切末;蒜剁细末。

4 盐倒入掌心,揉开,涂抹鱼头内外。

5 将鱼头放在碗里,然后抹上油。

6 在鱼头上撒上剁椒、姜末、盐、料酒。

7 在鱼头上,撒上一些豆豉。

8 锅置火上,加水烧沸,将鱼头连碗一同放入锅中蒸约10分钟;将蒜和葱碎铺在鱼头上,再蒸1分钟,从锅中取出碗即可。

私房钵钵肉

材料

五花肉 500 克

调料

植物油 15 克，水淀粉 10
克，酱油、醋、盐、姜、
蒜各 5 克，鸡精 2 克

做法

1 五花肉洗净；姜、蒜均去皮，洗净，切末。

2 锅置火上，倒入适量清水，调入盐、酱油，放入五
　花肉卤熟，捞出，沥干水分，切成片摆盘。

3 锅下油烧热，下姜、蒜爆香，调入盐、酱油、醋、
　水淀粉，做成味汁，均匀地淋在五花肉上即可。

青椒炒削骨肉

材料

猪排骨 750 克，青椒
150 克

调料

植物油 50 克，蚝油、水
淀粉各 10 克，姜、蒜、
盐各 5 克，香油、味精各
2 克，料酒 5 克

做法

1 猪排骨处理干净，放入沸水中，煮至六成烂时捞出。

2 将捞出的排骨冷却，取肉，拆碎。

3 青椒洗净，切圈；蒜、姜切末。

4 锅置火上，入油烧至六成热，入姜、蒜末炒香；放入削骨肉；烹入料酒，略炒。

5 加入青椒、蚝油、盐、味精，翻炒至熟。

6 用水淀粉勾芡，淋上香油，装盘即可。

油酥火焙鱼

材料

火焙鱼 400 克

调料

植物油 1000 克，料酒 50 克，香油、姜、葱、大蒜、鲜紫苏叶
各 30 克，小红椒、白醋各 25 克，盐 5 克，味精 2 克

做法

1 小红椒、葱、姜和蒜、鲜紫苏叶洗净，均匀切末。

2 将火焙鱼放入盆中，浸泡片刻，清洗干净。

3 锅置火上，倒入适量油，烧热，放入火焙鱼。

4 当火焙鱼炸至焦酥时，捞出，沥去油。

5 另起锅，放入少许油烧热，倒入火焙鱼，翻炒，放入切好的
　小红椒、葱、姜、蒜，翻炒片刻。

6 加入盐、味精、白醋、香油，翻拨几下。

7 撒上紫苏叶末翻炒，收干汁，装盘即可。

香辣虾

材料

虾 400 克

调料

蒜苗、干辣椒各 50 克，植物油 20 克，料酒 10 克，
酱油、盐各 5 克，味精 2 克

做法

1 干辣椒洗净，切圈；蒜苗洗净，切段。

2 将虾处理干净，放入清水中浸泡片刻，捞出沥干水。

3 锅置火上，倒入适量植物油，烧热，下干辣椒炒香。

4 倒入虾，炒至金黄色。

5 放入蒜苗一起炒匀，倒入酱油、料酒，炒熟。

6 调入盐、味精，装盘即可。

烟笋炒腊肉

材料

腊肉 300 克，烟笋 100 克

调料

青椒、红椒、蒜薹各 30 克，植物油 15 克，大蒜、盐、
老抽各 5 克，香油、鸡精各 2 克

做法

1 腊肉洗净煮熟，切成片。

2 烟笋泡发，切成片；蒜薹洗净，切段。

3 青椒、红椒均去蒂，洗净，切圈；大蒜去皮，洗
净，切成片。

4 锅置火上，入油烧至八成热，放入大蒜、腊肉爆香。

5 再放入烟笋、青椒、红椒炒香；下蒜薹，炒至断生。

6 调入盐、鸡精、香油、老抽炒匀，起锅，装盘即可。

酸辣藕丁

材料

莲藕150克

调料

植物油、干辣椒、红椒、青椒各20克，醋、花椒、盐各5克，味精、香油各2克

做法

1 莲藕洗净，切丁。

2 将莲藕丁放入清水中，浸泡片刻，洗净，备用。

3 干辣椒切开；青椒、红椒洗净，切丁。

4 锅置火上，倒入适量油，烧热，加入藕丁翻炒，待炒软。

5 入干辣椒炒香，入青椒、红椒，拌炒2分钟。

6 调入醋、花椒、盐、味精、香油，翻炒至香味散发，装盘即可。

豆角碎炒肉末

材料

豆角 300 克，瘦肉、红椒各 50 克

调料

盐 5 克，味精 2 克，姜末、蒜末各 10 克

做法

1 将豆角择洗，干净，切碎。

2 瘦肉洗净，切末。

3 红椒洗净切碎，备用。

4 锅上火，油烧热，放入肉末炒香，加入红椒碎、姜末、蒜末一起炒出香味。

5 放入鲜豆角碎，调入盐、味精，炒匀入味即可出锅。

泡椒猪肚

材料

猪肚1个，泡椒、红椒、姜各10克，蒜薹15克

调料

盐、陈醋、酱油、蚝油、水淀粉各15克

做法

1 猪肚洗净，切件。

2 将泡椒切碎。

3 红椒洗净，切碎。

4 蒜薹洗净，切末。

5 姜去皮切末状备用。

6 锅上火，油烧热，放入泡椒碎、红椒碎、蒜薹末、姜米炒香。

7 放入猪肚，放入调料，炒匀入味。

8 用水淀粉勾芡即可。

芝麻小肋排

材料

牛小排 800 克，芝麻 10 克，西蓝花 50 克

调料

葱、生抽、糖、淀粉、胡椒粉各 10 克

做法

1 将牛小排洗净切段，放入油锅中煎至九成熟。

2 西蓝花洗净，备用。

3 葱洗净切末，放入锅中，加入生抽、芝麻、糖、淀粉、胡椒粉加热调成汁。

4 将汁撒在牛小排上，西蓝花过水煮熟。

5 将西蓝花放在盘边点缀即可。

腊笋炒熏肉

材料
干笋 100 克，腊肉 500 克，红辣椒 10 克

调料
盐、鸡精、料酒、老抽各 5 克

做法
1 将腊肉切条，在热水中煮至呈半透明的状态。

2 干笋洗净，切片。

3 红辣椒洗净，切丝。

4 在锅中热油，煸笋片，放腊肉同炒。

5 加红辣椒丝、盐、料酒、鸡精炒熟即可。

干锅将军鸭

材料
水鸭 500 克

调料
盐 5 克，味精 3 克，豆
瓣酱 20 克，红油 10 克，
葱段 15 克，干辣椒 30 克，
蒜 5 克，姜 3 克

做法
1 将水鸭洗净切件，过水滤去血污，再下入油锅中炸
　至紧皮。
2 姜洗净切片；蒜去皮。
3 锅上火，油烧热，下入干辣椒、蒜粒、姜片炒香。
4 加入鸭肉，炒入味，加适量水，煨至鸭酥烂再加入
　豆瓣酱。
5 淋入红油，放入葱段，煨入味，加盐、味精调味，
　盛出放入铁锅里即成。

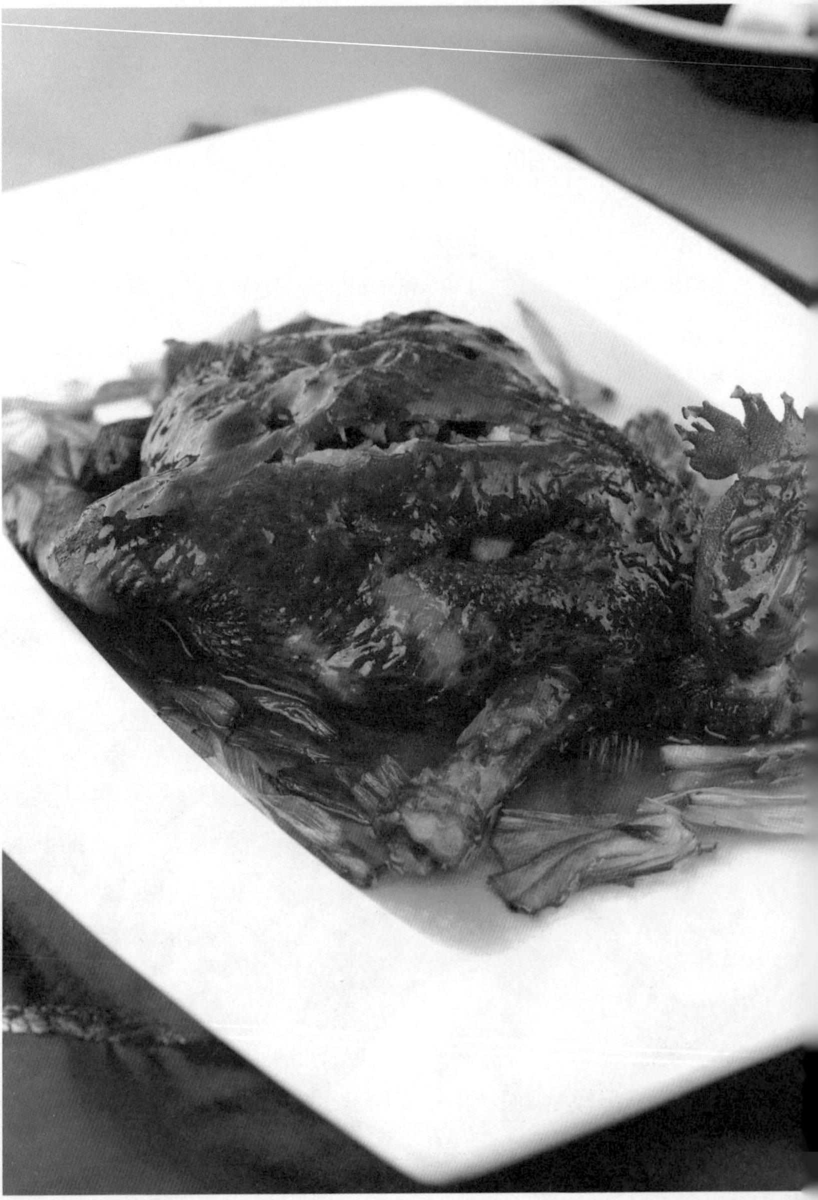

红煨八宝鸡

材料

肥母鸡 1 只（重约 1750 克），冬笋、白莲、水发冬菇、熟火腿各 50 克，金钩、薏米各 25 克，

调料

猪肥膘肉 100 克，植物油、大葱 50 克，盐 10 克，酱油、料酒、白糖、甜酒汁各适量，味精 3 克，胡椒粉 5 克

做法

1 鸡宰杀去骨，取完整鸡。

2 鸡肉切小块。

3 金钩泡发；肥膘肉、冬笋、火腿都切成丁。

4 冬菇去蒂，洗净，切丁；薏米洗净。

5 大葱剖开，切成 6 厘米长的段；葱、姜拍破。

6 炒锅置火上，倒入适量油，烧热，下入鸡肉丁和肥膘肉、冬笋、金钩、火腿、冬菇大火煸炒出香味。

7 烹料酒，加入酱油、盐炒几下。

8 加入白莲、薏米、味精和胡椒粉拌成馅，灌入鸡腹内。

9 缝好开口处擦干水。

10 将鸡身抹上甜酒汁。

11 锅内倒入适量油，烧热，放入处理好的鸡，炸至浅红色，捞出。

12 放入垫有竹箅的砂钵内，加入酱油、料酒、白糖、拍破的葱姜和水，大火烧沸，转用小火，煨 2 小时左右即可。

蟹味菇炒猪肉

材料

猪里脊肉 300 克，蟹味菇 100 克

调料

植物油、青椒、红椒各 20 克，生抽、盐、姜各 5 克，鸡精 2 克

做法

1 猪里脊肉洗净，切成片。

2 青椒、红椒均去蒂，洗净，切成片。

3 姜去皮，洗净，切片；蟹味菇泡发洗净。

4 锅置火上，倒入适量油，烧热，放入肉片翻炒至变色；加入蟹味菇、青椒、红椒、姜同炒。

5 炒至熟后，调入盐、鸡精、生抽炒匀，装盘即可。

辣味驴皮

材料

驴皮 200 克，卤水 50 克

调料

植物油、红椒、青椒、黄椒各 20 克，红油、芝麻、
盐各 5 克，鸡精 2 克

做法

1 驴皮洗净，切条。

2 红椒、青椒、黄椒洗净，切条。

3 驴皮放卤水中煮熟，捞出，沥干水分。

4 锅置火上，倒入适量油，烧热，放入芝麻炒香，加
  入驴皮、红椒、青椒、黄椒翻炒。

5 调入盐、鸡精、红油炒熟，装盘即可。

炸排骨

材料

排骨 350 克

调料

植物油 30 克，干辣椒 15 克，盐、老抽各 5 克，鸡精 2 克

做法

1 排骨洗净，焯水，捞出。用盐、老抽腌渍 20 分钟，放入沸水中煮熟。

2 干辣椒洗净，剁碎。

3 锅置火上，倒入适量油，烧热，放入排骨、干辣椒。

4 中火炸香炸熟，调入盐、老抽、鸡精，装盘即可。

干煸肉丝

材料

瘦肉 300 克，芹菜 100 克

调料

植物油 20 克，花雕酒、豆瓣酱各 10 克，蒜、干辣椒、花椒、葱、盐、姜各 5 克，味精 2 克

做法

1 瘦肉洗净，切丝；芹菜洗净，切段；干辣椒切段；蒜、姜、葱洗净，切末。

2 锅置火上，倒入适量油，烧热，放入肉丝炸干水分后，捞出。

3 原锅留油，放入豆瓣酱、姜末、蒜末、干辣椒段、花椒、葱末炒香；再放入肉、芹菜炒匀。

4 调入花雕酒、盐、味精炒熟，装盘即可。

蒜薹腰花

材料
猪腰 2 对，蒜薹 50 克

调料
红椒、植物油各 20 克，料酒 10 克，老抽、盐、葱花、
姜末、蒜末各 5 克，味精 2 克

做法
1 猪腰去腰臊洗净，切麦穗花刀，下盐、料酒、老抽
  腌入味，上浆。
2 腰花入油锅中滑散；蒜薹洗净，切段；红椒洗净。
3 锅留底油，下姜、蒜炝锅，放入红椒、蒜薹、腰花
  和盐、味精、葱花，翻炒至入味即可。

蕨菜炒腊肉

材料

蕨菜 200 克，腊肉 100 克

调料

植物油 20 克，老干妈辣椒酱 10 克，红辣椒、盐各 5 克，鸡精 2 克

做法

1 蕨菜洗净，切段；辣椒洗净，切成片；腊肉洗净，切薄片。

2 锅置火上，倒入适量油，烧热，炒香辣椒，放入蕨菜、腊肉及所有
　调料，炒至入味即可。

虎皮尖椒炒咸肉

材料
尖椒、五花肉各 200 克

调料
植物油、红椒各 20 克，豆豉、盐各 5 克，鸡精 2 克

做法
1 五花肉洗净，撒上炒过的盐，搓揉均匀，腌渍三四天，做成咸肉，切成片；尖椒、红椒均去蒂洗净，切长段。

2 锅置火上，倒入适量油，烧热，放尖椒煎至表皮呈虎皮状，取出；锅内入油，下豆豉炒香，放入咸肉片，大火翻炒片刻。

3 放入虎皮尖椒、红椒，调入鸡精、盐，翻炒至熟即可。

第三章

倾世名城倾世菜

山城辣子鸡

材料

鸡翅 300 克

调料

盐 6 克，味精 3 克，花
雕酒 8 克，花椒油 10 克，
干辣椒 20 克，姜、蒜各
3 克

做法

1 鸡翅洗净切成小块；干辣椒用水稍洗；姜、蒜洗净
切末。

2 锅中注油烧热，下入鸡肉块炸至金黄色后捞出。

3 原锅留油，炒香干辣椒和姜末、蒜末，下入鸡块，
加入盐、味精、花雕酒、花椒油等调味料，炒至鸡
块入味即可。

徽式双冬

材料

上海青30克，冬笋250克，冬菇150克，火腿10克

调料

盐5克，味精5克

做法

1 上海青洗净改刀，一分为二；冬笋洗净改刀为片；冬菇洗净去蒂；火腿切块。

2 改刀以后的原料放在一起焯水，捞出沥水备用。

3 全部材料入油锅爆炒至熟 。

4 起锅前加盐、味精等调料入味即可。

湘味火焙鱼

材料
小鱼 400 克，蒜薹 120 克，红椒 30 克

调料
盐、辣椒粉、香油各适量

做法
1 将小鱼洗净，沥干水分；蒜薹洗净，切碎；红椒洗净，切圈。

2 锅中注油烧热，将小鱼入七成油温中炸至酥软，捞出沥油备用。锅中留油，放入红椒圈、蒜薹炒香，下入炸好的小鱼稍炒。

3 加入盐、辣椒粉、香油等调料调味即可。

福建炒笋片

材料

冬笋 100 克，猪肉 200 克

调料

辣椒片少许，盐 3 克，味精 2 克，酱油 5 克，蚝油 6 克，淀粉少许

做法

1 将冬笋去壳，洗净，切成片；猪肉洗净，切片，加盐和淀粉腌渍。

2 锅中加水，笋片焯去异味后，捞出沥干。

3 锅中加油烧热，下入猪肉片炒至变白后加入笋片、辣椒，一起炒熟，再加盐、味精、酱油、蚝油调味即可。

同安封肉

材料
五花肉 100 克，香菇、虾仁、干贝、鱿鱼丝各适量

调料
糖、酱油、排骨酱、盐、高汤各适量

做法
1 五花肉洗净，切成方块，再刻上十字花刀，使内更易
　入味。

2 油烧热，放入肉块炸至肉皮微黄，放入所有调料，
　将肉块卤至入味。

3 在圆盆里放入洗净的香菇、虾仁、干贝、鱿鱼丝，
　然后再将卤好的肉扣在上面，上蒸笼蒸至酥烂即可。

枸杞汽锅鸡

材料
枸杞 20 克，乌鸡 100 克，红枣、生姜各适量

调料
盐 5 克，鸡精 5 克，花雕酒 10 克

做法
1 乌鸡洗净斩块，枸杞洗净泡发，生姜洗净切片。

2 锅内注水烧开，放乌鸡块焯烫，捞出沥干水分备用。

3 将所有材料和调料放入盅内，入蒸锅蒸 30 分钟，
　至乌鸡熟烂入味，即可食用。

酱羊肉

材料
羊肉1000克，白萝卜块500克，小红枣25克

调料
干黄酱250克，盐75克，大料面20克，料酒50克，桂皮、丁香、砂仁各5克

做法
1 将羊肉洗净，入冷水中浸约4个小时，取出过水，再将羊肉放入锅中，加水没过羊肉，下入白萝卜，旺火烧开，断血即可捞出，洗净血污。

2 将捞出的羊肉切成大块，交叉放在锅内，锅置火上，放水没过羊肉，再下入干黄酱、盐，旺火烧开，撇净浮沫，下入大料面、桂皮、丁香、砂仁、料酒、小红枣等调配料，改用小火焖煮3个小时左右。

3 煮至羊肉酥烂时出锅，晾凉，切片，装入盘中即可。

京扒茄子

材料

茄子 300 克

调料

盐、豆瓣酱、红椒、蒜、香菜各适量

做法

1 将茄子洗净，切片；红椒、蒜洗净，切碎；香菜洗净，切段。

2 油锅烧热，放入茄子稍炸，捞起沥干油。

3 锅中留油，放入蒜、红椒爆香，下入茄子，调入豆瓣酱、盐，炒熟，撒上香菜即可。

避风塘炒茄盒

材料
茄瓜 400 克，蒜蓉、猪瘦肉各 200 克

调料
蚝油 10 克，盐 3 克，味精 2 克，脆浆 150 克，豆豉 10 克

做法
1 瘦肉洗净剁成泥，调入蚝油、盐、味精搅拌成馅。

2 茄瓜去蒂刨皮切成盒形后，酿入肉馅后，抹上脆浆，入油锅炸好备用。

3 蒜蓉放入油锅炸成金黄色。

4 油烧热，入豆豉、茄盒，炒匀入味即成。

孔府一品锅

材料

净鸭肉块 750 克，豆腐泡、火腿、腐竹各 50 克，净口蘑、净干贝各 25 克，奶汤 2000 克

调料

葱段 25 克，鸡油 10 克，香油 3 克 ，姜片 25 克，盐 5 克

做法

1 腐竹泡软切段；火腿切块。

2 锅中注水烧开，放入腐竹、豆腐泡、鸭肉汆透，捞出沥干水分。

3 油烧热，入葱、姜煸香，烹入料酒，加奶汤、盐，把鸭块、火腿和调料放入锅内煮开，撇去浮沫，倒入砂锅，加入鸡油，用文火煲至鸭块熟烂，淋入香油即可。

眉州东坡肘子

材料

猪肘子 500 克

调料

葱 15 克，红椒、姜各 10 克，绍酒、盐各适量

做法

1 葱洗净切末，红椒洗净剁碎，姜洗净切末。

2 猪肘子刮洗干净，顺骨缝滑切一刀，放入锅中煮
   透，捞出剔去肘骨。

3 把猪肘子放入砂锅中，放入大量葱、姜末和绍酒烧
   开，小火将猪肘子炖熟，起锅放入盐、红椒粒即可。

周庄酥排

材料
排骨 600 克

调料
葱 3 克，姜 5 克，糖 10 克，排骨酱、蚕豆酱各 5 克，
胡椒粉、桂皮少许

做法
1 将排骨洗净，斩成 5 厘米长的段；葱、姜洗净，切末。
2 用净水将排骨的血水泡净，沥干后加盐、葱、姜、
　糖、胡椒粉、桂皮拌均匀。
3 然后将排骨上蒸锅蒸 1 小时 15 分钟即可。

川东乡村蹄

材料
猪蹄 500 克，红尖椒 1 个

调料
蒜 30 克，红油 20 克，香油 10 克，盐 5 克

做法
1 猪蹄洗净，放开水中氽熟，捞起沥干水，剔除骨，切成薄片。

2 蒜去皮，剁成蒜蓉；红辣椒洗净，切椒圈。

3 锅烧热下油，下蒜蓉、辣椒圈爆香，下其他调料和蹄片，加清水煮至入味。

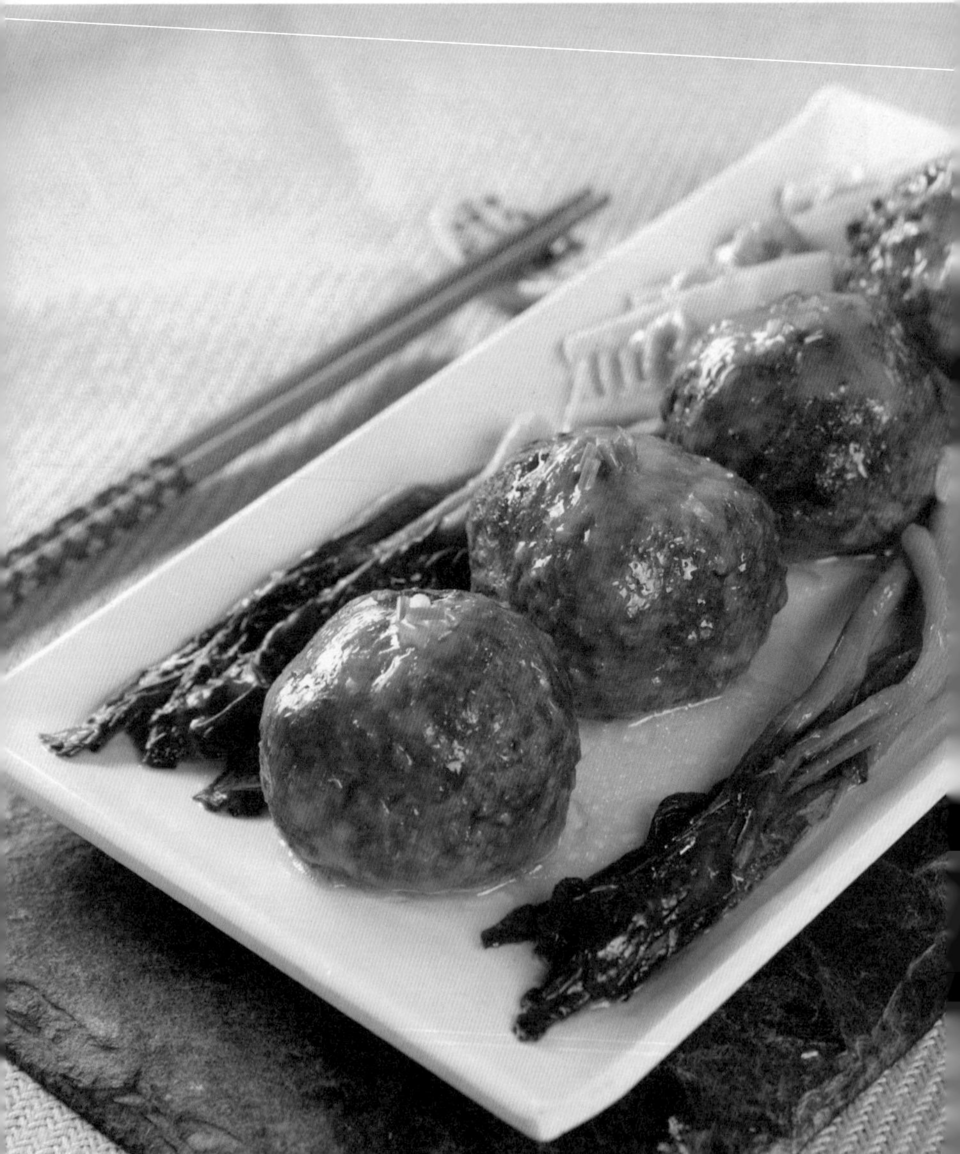

狮子头

材料

五花肉 500 克，荸荠 5 克，火腿 25 克，菜心 100 克，金钩（海米）10 克，鸡蛋清 2 个，水发玉兰片 50 克

调料

猪油 500 克（实耗 150 克），水淀粉 15 克，盐、味精、胡椒粉、酱油各 5 克，姜、葱花、料酒各 10 克，鸡油 30 克，鲜汤 300 毫升

做法

1 火腿、玉兰片切成骨牌片；荸荠洗净去皮，切末；金钩用水泡发，姜洗净，去皮，剁成末。

2 猪肉剁成末，放入大碗中，加入荸荠末、鸡蛋液、盐、酱油、胡椒粉、味精、水淀粉拌匀，分成四份。

3 将拌匀的猪肉捏成略扁的四个丸子备用。

4 锅置火上，注入油烧至七成热，将丸子放入油锅中炸至金黄色。

5 捞起放入碗中，加入酱油、料酒、鲜汤、葱花，入笼蒸约 2 小时待用。

6 另取锅置火上，注入油烧至四五成热，加入菜心、玉兰片、火腿、金钩炒一下，再加入少许鲜汤，将丸子放入同烧。

7 起锅前加入胡椒面、味精、水淀粉、鸡油勾芡汁，将丸子装盘。

8 最后，将烧好的菜与汤汁淋在丸子上即可。

陕北酱骨头

材料

猪大骨 1000 克

调料

桂皮、八角各 5 克，大葱、姜、白糖、料酒、酱油、香叶、盐各
适量

做法

1 大葱洗净，切丝；姜切成片。

2 将猪大骨洗净，置锅中加水没过骨头，放入八角、桂皮、香叶、料
  酒、酱油和白糖调味。

3 用大火烧至汤开后打净浮沫，加入盐和姜片，转中小火加盖焖煮约
  1 小时，待汤汁浓稠时装盘，撒上大葱丝即可。

太白拌肘

材料

猪肘、凉粉各 300 克

调料

盐 4 克，味精 2 克，酱油 8 克，泡椒 80 克，葱花、料酒各 10 克，姜末、蒜末各 15 克

做法

1 猪肘洗净，切块，放入锅中，加盐、酱油、泡椒、料酒煮熟，沥干水分待用。

2 凉粉洗净切丁，焯水，摆盘；泡椒剁碎。

3 将猪肘放入盘中，撒上姜末、蒜末和味精调味，拌匀即可。

烤方

材料
猪肋条肉500克，葱白段50克

调料
甜酱100克，花椒盐20克

做法
1 将肉修整成长方条块，用竹签在肋骨间的瘦肉上戳排热的小孔若干，用长铁叉沿中间肋骨插入。

2 平持叉柄将肉块伸入炉内不断摆动，使皮色烤得均匀。肉皮朝下在微火上烤半小时左右。抽出竹签和铁叉，刮尽焦屑，切成薄片，摆盘即可。吃时佐以甜酱、花椒盐、葱白段。

炮虎尾

材料
鳝鱼 1000 克

调料
酱油 15 毫升，醋 3 毫升，
芝麻油 10 毫升，胡椒粉
1.5 克，蒜头 25 克

做法

1 锅内加水烧沸，捏住鳝头，将鳝鱼尾部脊背肉入沸水
中略烫即捞出，剁长段。

2 将鳝鱼装入碗中，入锅蒸 15 分钟，沥干水分后反扣
入盘中，浇上酱油、醋。

3 取炒锅一只放大火上烧热，加芝麻油烧热至 200℃，
投入蒜头炸香，连油带蒜泥倒在鱼肉上，撒上胡椒粉
即可。

天下第一鲜

材料
活文蛤 500 克，姜末 10 克，荸荠片 50 克，葱段 10 克，水发香菇 25 克

调料
绍酒 15 毫升，盐 5 克，白胡椒粉 1 克，水淀粉 10 克，芝麻油 10 毫升

做法
1 文蛤取肉洗净，加绍酒、盐、姜末拌匀。
2 热锅注油，放入文蛤肉快速煸炒，呈玉色后即盛起。
3 热锅注油，入葱段、荸荠片、水发香菇煸炒，再将文蛤肉放入锅迅速颠炒，淋芝麻油，装盘，撒上白胡椒粉即成。

长沙麻仁香酥鸭

材料

肥公鸭 1 只

调料

葱段 40 克，姜 7 克，精盐 7 克，绍酒 35 毫升，花椒 15 粒，芝麻油 15 毫升，五香粉 3 克

做法

1 姜洗净，拍破。

2 鸭洗净沥干水，用五香粉、姜、葱、绍酒、精盐在鸭身内外抹匀，浸渍 40 分钟后置大蒸碗内，加姜、葱、花椒，上笼蒸 1 小时取出，去掉姜、葱、花椒。

3 炒锅置旺火上，下菜油烧至八成热，放入鸭子炸至皮呈金黄色时捞起，分部位切成块，摆盘，刷上芝麻油即可。

镇江肴肉

材料

猪蹄髈 1000 克

调料

盐 12 克，绍酒 15 克，熟芝麻少许，葱结、姜片、硝水、老卤、葱花各适量

做法

1 猪蹄髈洗净，洒上硝水腌几天。

2 蹄髈入锅，加盐、葱结、姜片、绍酒和老卤焖煮熟。

3 皮朝下放入盆内，撇去浮油，冷透后即成肴肉。

4 切片装盘，撒上芝麻、葱花即可。